职业教育电气自动化设备安装与维修专业教学资源库项目教材

照明线路安装与检修

主　编　朱学辉
副主编　许泓泉

中国劳动社会保障出版社

简介

本书主要内容包括职业感知与安全用电、书房一控一灯的安装与检修、楼梯双控灯的安装与检修、办公室日光灯的安装与检修、教室照明线路的安装与检修、实训室照明线路的安装与检修、套房照明线路的安装与检修、室外照明线路的安装与检修、车间照明线路的安装与检修9部分。

本书由朱学辉主编，许泓泉副主编，胡杨、崔红红、胡彦伦、刘月华、盛军、宁海榕参编。

图书在版编目(CIP)数据

照明线路安装与检修/朱学辉主编. —北京：中国劳动社会保障出版社，2015

职业教育电气自动化设备安装与维修专业教学资源库项目教材

ISBN 978-7-5167-2062-2

Ⅰ.①照… Ⅱ.①朱… Ⅲ.①电气照明-设备安装-中等专业学校-教材②电气照明-设备检修-中等专业学校-教材 Ⅳ.①TM923

中国版本图书馆CIP数据核字(2015)第278728号

中国劳动社会保障出版社出版发行

（北京市惠新东街1号 邮政编码：100029）

*

北京市科星印刷有限责任公司印刷装订 新华书店经销

787毫米×1092毫米 16开本 10.75印张 234千字

2016年1月第1版 2025年6月第16次印刷

定价：20.00元

营销中心电话：400-606-6496

出版社网址：http://www.class.com.cn

http://jg.class.com.cn

前　言

为了推进职业教育现代化、信息化建设，更好地满足电气自动化设备安装与维修专业（以下简称电气维修专业）教学资源库项目的建设要求，常州高级技工学校联合全国十所职业院校的电气维修专业骨干教师和行业、企业专家，配合电气维修专业教学资源库项目建设，编写了《照明线路安装与检修》《简单电气设备安装与检修》《可编程序控制器及外围设备安装》《简单电子线路装接与维修》《电动机继电控制线路安装与检修》五本教材。

本套教材的编写特点主要体现在以下几个方面：

一、教材编写力求体现最新的职业教育理念

以建设基于工作实践的项目化课程为最终目标，努力实现“五个对接”。教材编写坚持“做中学、做中教”的理念，整合理论与实践知识，并以学生为主体，以能力为本位，以职业实践为主线，让学生在完成任务的过程中掌握相关知识和技能，注重学生职业生涯发展和职业能力的培养。

二、教材编写来源于岗位典型工作任务分析

按照电气维修专业所面向岗位和职业能力定位进行典型工作任务分析，确定课程体系、教学目标和要求；依据教学目标和要求，结合学生基础和认知规律，确定教材编写内容。

三、教材编写采用项目引导和任务驱动的编写模式

本套教材由若干学习任务组成，每个学习任务分解为若干学习活动。教材以具体任务为中心，通过设计完成任务的方法和步骤，承载相关知识和技能，进而培养学生提出问题、分析问题、解决问题的综合能力。

四、教材配套资源力求数字化、立体化

结合电气维修专业教学资源库项目建设，本套教材配套有丰富的数字化资源，包括图片、动画、视频、虚拟实训、企业案例等。具体内容可与项目组联系。

本套教材的编写工作得到了电气维修专业教学资源库项目组成员学校的大力支持，在此表示诚挚的谢意。

电气自动化设备安装与维修专业教学资源库项目组

2015 年 9 月

目 录

学习任务一　职业感知与安全用电

学习目标

1. 感知维修电工的职业特征，培养维修电工的职业素养。
2. 了解安全用电知识，建立自觉遵守电工安全操作规程的意识。
3. 分析触电事故案例，了解常见的触电方式，采取正确措施、预防触电。
4. 提高处理突发事件的能力。
5. 能正确实施触电急救。
6. 提高团队协作能力和沟通能力。

建议学时

20 学时

任务描述

对物理课中电学部分涉及的电压、电流只有一些粗浅的概念性的了解。在现实的生产、生活中，哪里需要维修电工？维修电工应该干些什么？他们的工作环境怎样？一个合格的维修电工应该具备哪些基本技能？对于刚刚走入职业学校的学生来讲，他们对这些一无所知。因此需要进行职业素养教育，了解维修电工的职业特征。维修电工必须接受安全教育，在具有遵守电工安全操作规程的意识，了解安全用电常识后，经过专业学习与训练，才能走上岗位。

工作流程与活动

学习活动 1　职业感知
学习活动 2　安全用电
学习活动 3　触电急救

学习活动 1　职 业 感 知

学习目标

1. 了解维修电工的职业特征。

2. 理解维修电工的职业素养。

知识准备

一、现场参观（图 1—1—1 ~ 图 1—1—4）

图 1—1—1　照明线路安装与维修

图 1—1—2　电动机下线

图 1—1—3　低压电气柜安装与检修

图 1—1—4　高压电气设备检修

二、职业概况

1. 职业名称

维修电工。

2. 职业定义

对各种设备的电气部分（含机电一体化产品）进行安装、调试、维修的人员。

3. 职业等级

（1）初级维修电工（五级）

具有《工人技术等级标准》中本工种初级工所要求的技术理论和操作技能；能够运用基本技能独立完成本工种的常规工作。

（2）中级维修电工（四级）

具有《工人技术等级标准》中本工种中级工所要求的技术理论和操作技能；能够熟练运用基本技能独立完成本工种的常规工作，具有分析和处理本工种生产技术上一般问题的能力；能够运用新技术、新工艺、新材料、新设备进行简单的技术革新和技术改造。

(3) 高级维修电工（三级）

具有《工人技术等级标准》中本工种高级工所要求的技术理论和操作技能；具有综合分析和处理本工种较为复杂的生产技术问题的能力；能够运用新技术、新工艺、新材料、新设备进行一般性的技术革新和技术改造；能够指导初、中级维修电工的工作。

(4) 维修电工技师（二级）

能够熟练运用专门技能和特殊技能完成复杂的、非常规性的工作；掌握维修电工工作中的关键技术技能，能够独立处理和解决技术或工艺难题，在技术技能方面有创新；能够指导和培训本工种初、中、高级人员的工作，具有一定的技术管理能力。

(5) 维修电工高级技师（一级）

能够熟练运用专门技能和特殊技能在本工种的各个领域中完成复杂的、非常规性的工作；熟练掌握维修电工工作中的关键技术技能，能够独立处理和解决高难度的技术问题或工艺问题；在技术攻关和工艺革新方面有创新，能够组织开展技术改造、技术革新活动；能够组织开展系统的专业技术培训，具有技术管理能力。

4. 职业环境条件

室内，常温。

5. 职业能力特征

具有一定的学习能力和分析、推理、判断的能力；有一定的表达能力、计划能力和空间感；应能辨别各种颜色，有较高的手指灵活性、手臂灵活性和动作协调性，无恐高症。

小词典

职业——个人在社会中所从事的作为主要生活来源的工作。

知识——人们在改造世界的实践中所获得的认知和经验的总和。

技能——本领，掌握和运用专门技术的能力。

学习活动2　安 全 用 电

学习目标

1. 了解安全用电知识及常见的触电方式。
2. 掌握电工安全操作规程。

3. 熟悉消防相关内容。

知识准备

一、关于人体触电的知识

1. 触电的种类

电击：即通常所说的触电，触电死亡的绝大部分是电击造成的。

电伤：由电流的热效应、化学效应、机械效应以及电流本身作用所造成的人体外伤。

2. 电流伤害人体的因素

伤害程度一般与下面几个因素有关：

（1）通过人体电流的大小；

（2）电流通过人体时间的长短；

（3）电流通过人体的部位；

（4）通过人体电流的频率；

（5）触电者的身体状况。

电流通过人体脑部和心脏时最危险；频率为 40 ~ 60 Hz 的交流电对人的危害最大。以工频电流为例，当 1 mA 左右的电流通过人体时，会产生麻刺等不舒服的感觉；10 ~ 30 mA 的电流通过人体，会产生麻痹、剧痛、痉挛、血压升高、呼吸困难等症状，但通常不致有生命危险；电流达到 50 mA 以上，就会引起心室颤动而有生命危险；100 mA 以上的电流，足以致人于死地。通过人体电流的大小与触电电压和人体电阻有关。

3. 触电方式

（1）单相触电

在低压电力系统中，若人站在地上接触到一根火线，即为单相触电或称单线触电；人体接触漏电设备的外壳，也属于单相触电。如图 1—2—1 所示。

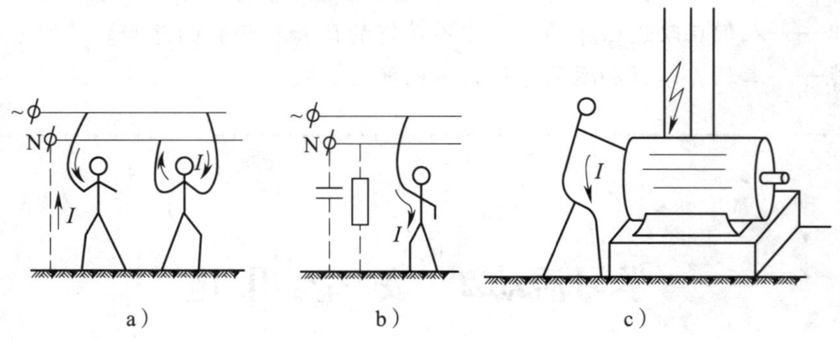

图 1—2—1 单相触电

（2）两相触电

人体不同部位同时接触两相电源带电体而引起的触电称为两相触电。如图 1—2—2 所示。

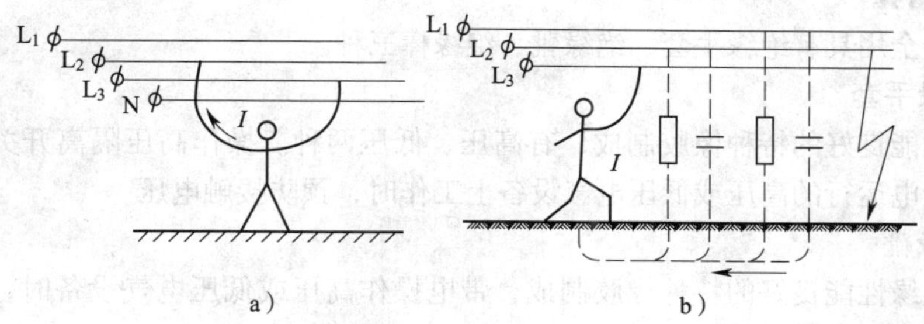

图 1—2—2 两相触电

(3) 接触电压、跨步电压触电

当外壳接地的电气设备绝缘损坏而使外壳带电，或导线断落发生单相接地故障时，电流由设备外壳经接地线、接地体（或由断落导线经接地点）流入大地，向四周扩散，在导线接地点及周围形成强电场。如图 1—2—3 所示。

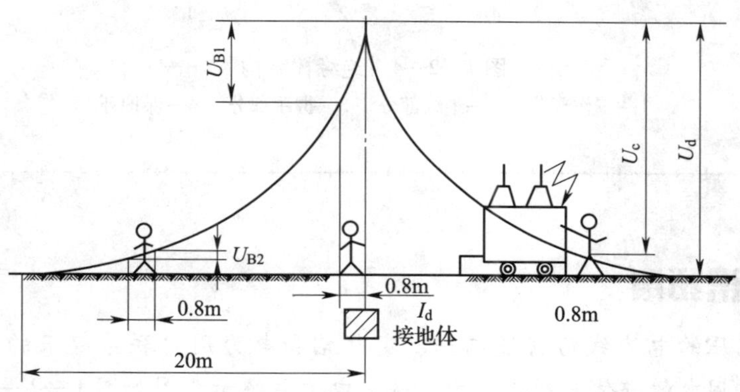

图 1—2—3 跨步电压触电

接触电压：人站在地上触及设备外壳，所承受的电压。

跨步电压：人站立在设备附近地面上，两脚之间所承受的电压。

二、安全电压和安全用具

1. 安全电压

不带任何防护设备，对人体各部分组织均不造成伤害的电压值，称为安全电压。世界各国对于安全电压的规定，有 50 V、40 V、36 V、25 V、24 V 等，其中以 50 V、25 V 居多。国际电工委员会（IEC）规定安全电压限定值为 50 V。我国规定 12 V、24 V、36 V 三个电压等级为安全电压级别。在湿度大、狭窄、行动不便、周围有大面积接地导体的场所（如金属容器内、矿井内、隧道内等）使用的手提照明器具，应采用 12 V 安全电压。凡手提照明器具，在危险环境、特别危险环境的局部照明灯，高度不足 2.5 m 的一般照明灯，携带式电动工具等，若无特殊的安全防护装置或安全措施，均应采用 24 V 或 36 V 安全电压。

2. 安全用具

常用的安全用具有绝缘手套、绝缘靴、绝缘棒三种。

(1) 绝缘手套

由绝缘性能良好的特种橡胶制成，有高压、低压两种。操作高压隔离开关和油断路器等设备、在带电运行的高压或低压电气设备上工作时，预防接触电压。

(2) 绝缘靴

也是由绝缘性能良好的特种橡胶制成，带电操作高压或低压电气设备时，防止跨步电压对人体的伤害。

(3) 绝缘棒

又称绝缘杆、操作杆或拉闸杆，用电木、胶木、塑料、环氧玻璃布棒等材料制成，结构如图1—2—4所示。

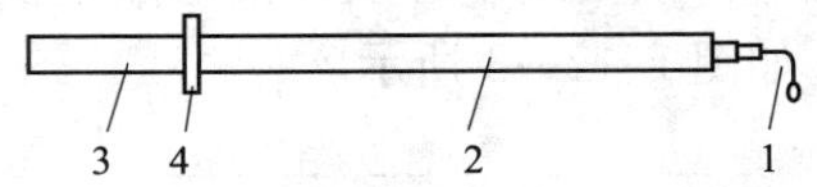

图1—2—4 绝缘棒结构

1—工作部分 2—绝缘部分 3—握手部分 4—保护环

知识拓展

由各种电压的电力线路将发电厂、变电站和电力用户联系起来的发电、输电、变电、配电和用电的整体，叫作电力系统。电力系统示意图如图1—2—5所示。

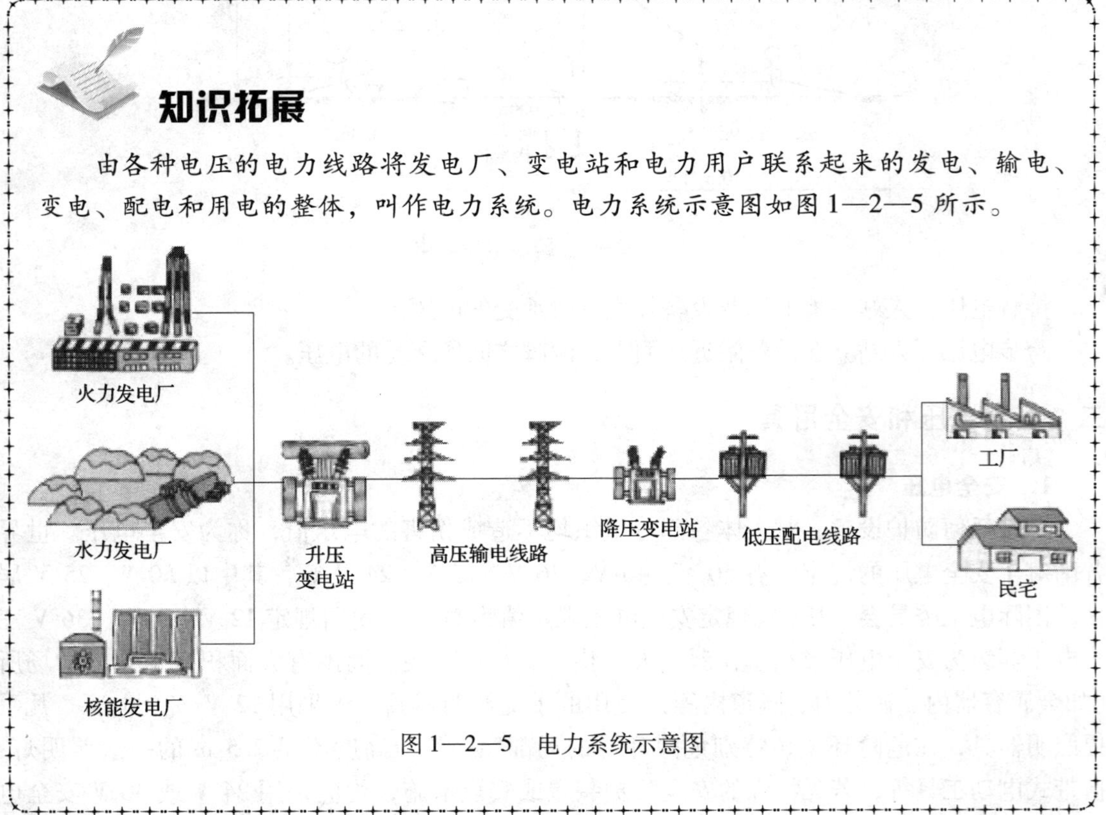

图1—2—5 电力系统示意图

一、发电

发电就是电力的生产，生产电力的工厂称为发电厂，发电厂的作用是将其他形式的能量转换成电能。发电厂按所使用的能源不同可分为火力发电厂、水力发电厂、核能发电厂等。发电厂产生的电能电压为3.15～15.75 kV。

(1) 火力发电：燃料的化学能转化成水和水蒸气的内能，再转化成发电机转子的机械能，再转化成电能。

(2) 水力发电：水的机械能转化成水轮机的机械能，再转化为发电机转子的机械能，再转化为电能。

(3) 核能发电：核能转化为水和水蒸气的内能，再转化为发电机转子的机械能，再转化为电能。

二、电能的输送

为了安全和节约，通常把大发电厂建在远离城市中心的能源产地附近。因此发电厂发出的电能还需要经过一定距离的输送，才能分配给用户。由于发电机的绝缘强度和运行安全等因素，发电机发出的电压不能很高，一般为3.5 kV、6.3 kV、10.5 kV、15.75 kV等。为了减少电能在数十、数百公里输电线路上的损失，因此必须经过升压变压器升高到35～500 kV后再进行远距离输电。目前，我国常用的输电电压的等级有35 kV、110 kV、220 kV、330 kV及500 kV等。输电电压的高低，要根据输电距离和输电容量而定，其原则是，容量越大，距离越远，输电电压就越高。

高压输电到用户区后，再经降压变压器将高电压降低到用户所需要的各种电压。

三、工厂中的变、配电

变电即变换电网电压的等级，配电即电力的分配。变电分输电电压的变换和配电电压的变换，完成前一任务的称变电站或变电所，完成后一任务的称变配电站或变配电所。如果只具备配电功能而无变电设备的称为配电站或配电所。大、中型工厂都有自己的变、配电站，通常由高压配电室、变压器室和低压配电室组成。用电量在1 000 kW以下的工厂，由于采用低电压（在电力系统中1 kV以上为高电压，1 kV以下为低电压）供电，只需要一个低压配电室就够了。

电能输送到工厂后，经高压配电室配电后，由变压器室的降压变压器将6～10 kV的电源电压降至380 V/220 V的低电压，再经过低压配电装置，对各车间用电设备进行配电。

在车间配电中，对动力用电和照明用电采用分别配电的方式，即把各个动力配电线路以及照明配电线路一一分开，这样可避免因局部事故而影响整个车间的生产。

四、电力系统的供电方式

目前，国内外电力系统普遍采用三相电源供电方式。三相电源供电方式就是由频率和振幅相同、相位互差120°的三个正弦交流电源同时供电的方式。三相电源供电比单相电源供电在发电、输电和用电等方面具有明显的优越性：

（1）在尺寸相同的情况下，三相发电机比单相发电机输出的功率大。

（2）在输电距离、输电电压、输送功率和线路损耗相同的条件下，三相输电比单相输电可节省25%的有色金属。

（3）单相电路的瞬时功率随时间交变，而对称三相电路的瞬时功率是恒定的，这使得三相电动机具有恒定转矩，比单相电动机的性能好，结构简单，便于维护。

五、相电压与线电压

从三相电源的正极性端引出三根输出线，称为端线（俗称火线），三相电源的负极性端连接为一点，称为电源中性点，用N表示，如图1—2—6所示。每根端线与工作零线之间的电压就是每一相的相电压。端线之间的电压称为线电压，并且线电压为相电压的$\sqrt{3}$倍，即当线电压为380 V时相电压为220 V。

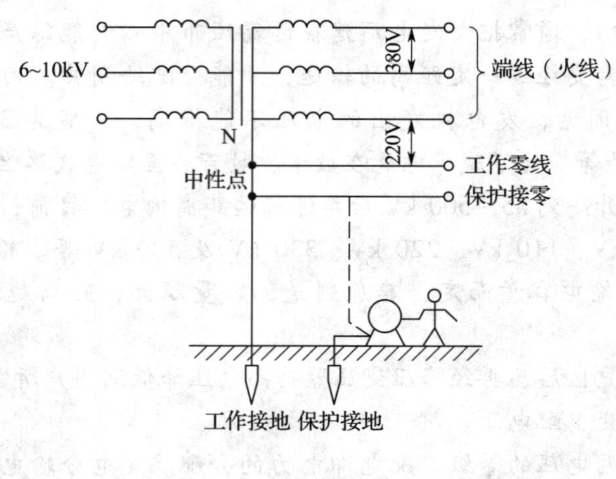

图1—2—6　相电压与线电压

三、维修电工安全操作规程

1. 作业目的

（1）凡参与本工作，必须经过安全技术培训考试合格，发给特种作业人员操作证明，并应熟悉本规程和电气设备的检修等规程。

（2）对设备的电气系统进行保养、维护、检修，以保障设备的电传动系统、电气控制系统正常运作和满足生产工艺要求。

（3）对供电、用电设施进行维护，对用电操作进行监督，以保证供电、用电系统的安全。

2. 作业前准备

（1）电工应基本掌握电气安全知识，包括高压、低压、直流、交流电子技术等，必须持证操作，未经培训和考试不合格者不得独立操作。

（2）熟悉车间供电系统的供电设施，知道各总开关、分开关的控制范围和线路布置。

（3）熟悉生产线上各种设备的电传动原理和生产工艺对电传动的要求，熟悉各控制屏的性能和结构，了解常见故障的检查和排除方法。

（4）熟悉生产线上各种电控设施的原理性能和电气控制对设备操作、生产工艺的影响，熟悉电控系统的结构和元件位置、维护和调整方法以及常见故障的检查和排除方法。

（5）电工操作者和检修者在工作前，应验明劳保用品和工具是否符合绝缘安全要求，严禁侥幸作业，确保相关用品工具有效和安全。

3. 工作职责

（1）熟悉和掌握所管辖维修区域内的一切电气设备，使其保持完整无损、清洁整齐、正常安全运转。

（2）按预修计划进度对电气设备进行预防性检修，经常检查电动机，加油并清除现有或将发生的故障，更换不良的电气元件等。

（3）经常检查各种电气设备的运行情况，发现不合理操作时应及时纠正或制止操作，随时宣传电气设备运行的安全知识，保证安全用电。

（4）上班期间严禁脱岗、睡岗、聚岗或干与工作无关的事情。

（5）保持工作地点和电工室的清洁，所有器具应有秩序地放置并保持完整无损，运行的设备发生故障时应尽快设法修理。

4. 巡检作业

上班时应首先巡视检查责任范围内的电气设施。如果有人交班，应在巡视检查前向上班人员了解上一班的电气设施运行情况和遗留问题。巡视检查内容包括：

（1）每班应巡视检查本管辖维修区域内的配电线路、低压配电室、电动机设备及其他电力传动和照明等设备是否正常，并做记录。

（2）检查各车间供电是否正常，如果不正常应首先恢复供电，特别要保证重要设备、主要生产线的正常供电。

（3）检查设备是否在正常运转，电气操作和电气控制系统是否灵活、有效、可靠。为了能较准确掌握电气设施情况，电气巡检人员应向操作工、机械维修工、质检员了解设备运转情况和电控系统是否满足设备、工艺、质量各方面的要求。

（4）检查供电系统是否安全，包括车间进线总开关、各分开关、各条线路以及线路上的附属装置、用电装置、用电设施、安全设施和安全标志是否完好、有效、可靠。

（5）检查传动设备时，应注意电动机接线板的各种制动和起动装置、电动机和电器设备的运行情况，电动机温度、声音等是否正常。

（6）检查各种照明设备是否安全可靠，照明灯的电压是否符合规定，安全变压器插座接地是否符合要求。

（7）检查各类人员用电操作是否符合规定，发现不符合规定的操作应立即纠正；上述各项检查中如发现隐患立即采取处理措施，做到生产正常、质量符合要求、安全符合规定。

5. 运行维护

（1）对本管辖区域内的配电箱、抽屉等开关的合闸操作必须由本班电工进行，但属于某设备的开关可由该岗位的工人操作，但电工应经常对所管辖区域内的配电箱等各类设备进行安全检查。

（2）禁止非电工人员修理电气设备、线路、开关或进入配电室。

（3）不得随意变动或拆除电气设备的保护装置，不得更改其整定好的设计参数，必须定期做预防性检验及绝缘防护用品的预防性试验。

（4）对运行中的电动机和转动设备进行维修时，不许在转动时进行其他工作。如必须工作，应有保证安全的防护措施；对正在运行的电气设备，一律不准带负荷拉隔离开关。

（5）要防止各种冷却液及润滑油等浸入电气设备，注意电源线或接地线是否移动，各种安全设施是否齐全可靠，禁止在电动机开关和其他电气设备附近堆放材料或杂物，更不准在开关箱内放置其他东西。

（6）变电所、配电室、电器站等处，必须备有电气用消防器材，并要设专人保管，电工随时可用、会用。

6. 检修

（1）检查、维修设备时，必须严格遵守本单位制定的有关安全规定，办理有关手续后方可操作，切断电源。

（2）检修前要先切断要修的线路和设备的电源，并用试电笔进行试验，证实没电后悬挂“严禁合闸”警示牌，确认无电并采取短路接地措施；确认检修完毕清理现场后，拆除短路接地线并将警告牌取下，按程序恢复送电。

（3）作业完毕，应有操作工或机械维修工在场操作和观察，以证实设备运转正常。如果是为了迅速恢复生产而采取临时措施，应将情况和注意事项向操作工或机械维修工说明并向班长报告，以便安排处理措施。

（4）离场前应再次检查以确认设施完好完全，清理作业场所，并做好记录。

（5）检查、检修电气设备时，应两人搭档，相互监护。

（6）检查大项目时，必须要专人负责分管停电、送电、监督和指挥工作，并在工作处做好安全措施。

（7）高处作业，必须办理登高作业证，必须系好安全带，安全带要求高挂低用，安全绳长度小于2 m，严禁在高处抛物。登梯作业时应有专人监护。

（8）一般情况下，在电气设备上工作均应停电后操作。必须带电作业时，要采取安全措施，按带电作业规程操作。

（9）严格按电气设备的安装技术进行安装及维护。电线、电缆、母线等接头处要拧紧，绝缘包扎好，严禁有松动或破损裸露的现象。

（10）对于电气设备的裸露部位（带电体）或旋转部位设置安全防护或防护遮拦，并挂牌显示。

（11）高压停电送电，必须得到有关主管方面的指令，方可按工作票制度、工作许可制度、工作监护制度进行操作，拉闸时必须两人在场，操作者应听取监护者逐条发布操作命令，操作人员背读命令无误后再操作。

（12）变配电室内外高压部分及线路，停电作业时：

1）切断有关电源，操作手柄应上锁或挂标示牌。

2）验电时应戴绝缘手套，按电压等级使用验电器，在设备两侧各相或线路各相分别验电。

3）验明设备或线路确认无电后，将检修设备或线路做短路接地。

4）装设接地线，应由两人进行，先接接地端，后接导体端，拆除时顺序相反。拆、接时均应穿戴绝缘防护用品。

5）接地线应使用截面积不小于 25 mm^2 多股软裸铜线和专用线夹，严禁用缠绕的方法进行接地和短路。

6）设备或线路检修完毕，应全面检查无误后再拆除临时短路接地线。

（13）谨防静电危害，做好防静电的安全措施，雷电时，禁止带电作业。

（14）电工必须具备必要的电气安全救护知识、防火知识，掌握触电后的紧急救护法及电气火灾扑救方法。

7. 维修时间与维修质量

（1）维修电工发现设备有故障时要及时处理，不得推托，不得交于下班。

（2）维修电工接到故障通知时要第一时间赶到现场，不得推诿扯皮。

（3）维修设备要做到在规定时间内完成任务，不得拖延时间影响生产。

（4）维修后的设备要保证质量，不得在短时间内出现同类故障。

8. 注意事项

（1）保障供电、用电安全，保证电气设施的安全是电工的首要职责。维修电工应对经手修理、安装、检查的电气设施的安全性能负责。

（2）每项工作完成都应全面检查以确认电气设施安全可靠，应清理场地确保文明生产。

（3）合理安排时间和顺序对电器设施进行下述作业：

1）安全保护设施（如漏电开关）的性能试验。

2）电柜、电器的清扫维护。

3）为电动机检查和添加润滑脂。

4）注意自身安全，做好个人安全防护，带电作业和高处作业要有足够的安全措施。

5）掌握维修备件情况，充分利用时间准备和制作备件，修复待修件，整理拆卸后待再使用的器件、电线，并分类存放妥善保管。

6）清扫和整理工作间，及时清理废旧物料、整顿工具备件，保持工作间的文明整洁。

四、维修电工职业道德规范

1. 维修及时，认真负责。
2. 遵守纪律，服务热情。
3. 安全作业，文明施工。
4. 按章办事，不谋私利。
5. 一丝不苟，精益求精。
6. 质量第一，用户第一。
7. 遵章守纪，严格操作。

8. 钻研技术，精通业务。

五、消防知识介绍

1. 电气火灾的主要原因

（1）电路短路。

（2）过负载。

（3）接触不良。

（4）电火花或电弧。

2. 使用灭火器时应注意的安全事项

（1）对准火源，打开阀门向火源喷射。

（2）干粉灭火器不适用于旋转的电动机、发电机等的灭火。

（3）二氧化碳易使人窒息，注意人所处位置在上风侧，且有足够的通风。

（4）注油设备发生火灾，切断电源后，最好用泡沫灭火器或干砂灭火。

3. 火灾的种类（表1—2—1）

表1—2—1　火灾的种类

类型	内　容
A类火灾	指固体物质火灾，如木材、棉、毛、麻、纸张
B类火灾	指液体火灾和可熔性的固体物质火灾，如汽油、煤油、原油、甲醇、乙醇、沥青等
C类火灾	指气体火灾，如煤气、天然气、甲烷、丙烷、乙炔、氢气
D类火灾	指金属火灾，如钾、钠、镁、钛、锆、锂、铝镁合金等燃烧的火灾
E类火灾	指电气火灾

4. 不同类型的火灾灭火器的选择

（1）干粉类灭火器

又分碳酸氢钠和磷酸铵盐灭火剂。碳酸氢钠灭火剂用于扑救B、C类火灾；磷酸铵盐灭火剂用于扑救A、B、C、E类火灾。

（2）二氧化碳灭火器

用于扑救B、C、E类火灾。

（3）泡沫型灭火器

用于扑救A、B类火灾。

（4）水型灭火器

用于扑救A类火灾。

（5）卤代烷型灭火器

用于扑救A、B、C、E类火灾。

5. 二氧化碳灭火器的使用

（1）使用方法

先拔出保险销，再压合压把，将喷嘴对准火焰根部喷射，如图1—2—7所示。

（2）注意事项

使用时要尽量防止皮肤因直接接触喷筒和喷射胶管而造成冻伤。

（3）扑救电气火灾时，如果电压超过 600 V，切记要先切断电源后再灭火。

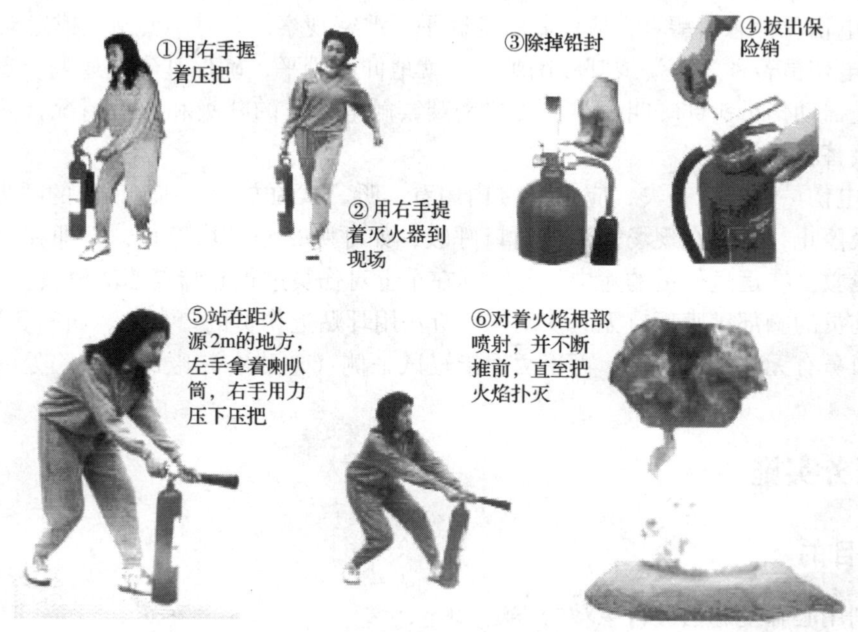

图 1—2—7 二氧化碳灭火器使用步骤

学习活动 3 触 电 急 救

学习目标

1. 熟悉触电事故案例。
2. 了解常见的触电方式。
3. 掌握预防触电的方法。
4. 能处理突发事件。
5. 能正确实施触电急救。

知识准备

一、触电者脱离电源后的检查

触电者脱离电源后，应立即进行检查，若是已经失去知觉，则要着重检查触电者的双目瞳孔是否已经放大，呼吸是否已经停止，心脏跳动情况如何等。在检查时应使触电者仰面平卧，松开衣服和腰带，打开窗户加强空气流通，但要注意触电者的保暖，并及时通知医院前来抢救。

二、根据触电人员的身体情况选择急救的方法

1．触电伤员神志清醒者，应使其就地躺平，严密观察，暂时不要站立或走动。

2．触电伤员若神志不清或呼吸困难，应就地仰面躺平，确保其气道通畅，迅速测心跳情况，禁止摇动伤员头部呼叫伤员，要严密观察触电伤员的呼吸和心跳情况，并立即联系医疗部门接替救治。

3．触电伤员如意识丧失，应在10 s内用看、听、试的方法，判定伤员的呼吸、心跳情况。如呼吸停止，立即在现场采用口对口呼吸；如呼吸、心跳均停止，立即在现场采用心肺复苏法抢救。在运送伤员的途中，要继续在车上对伤员进行心肺复苏法抢救。

看：伤员的胸部、腹部有无起伏动作。听：用耳贴近伤员的口鼻处，听有无呼气声音。试：试测口鼻有无呼气的气流。再用两手指轻试一侧（左或右）喉结旁凹陷处的颈动脉有无搏动。

任务实施

一、实训目的

掌握利用心肺复苏法进行急救的方法。

二、主要实训器材的认识

常用安全用具。

三、实训内容

1．利用心肺复苏法急救

（1）通畅气道

如发现伤员口内有异物，可将其身体及头部同时侧转，迅速用一个手指或用两手指交叉从口角处插入，取出异物，操作中要注意防止将异物推到咽喉深部。

（2）通畅气道后可采用仰头抬颌法（图1—3—1）

用左手放在触电者前额，另一只手的手指将其下颌骨向上抬起，两手协同将头部推向后仰，使触电者鼻孔朝上，舌根随之抬起，气道即可通畅（图1—3—1a）。严禁用枕头或其他物品垫在伤员头下。头部抬高前倾，或头部平躺会加重气道阻塞（图1—3—1b），并且使胸外按压时流向脑部的血流减少。

（3）口对口（鼻）人工呼吸（图1—3—2）

1）在保持触电者气道通畅的同时，救护人员用放在伤员额上的手指捏住伤员的鼻翼，救护人员深吸气后，与伤员口对口贴紧，在不漏气的情况下，先连续大口吹气两次，每次吹气为1～1.5 s（放3.5～4 s，每5 s一次）。两次吹气后迅速测颈动脉，如无搏动，可判为心跳已经停止，要立即同时进行胸外心脏按压。

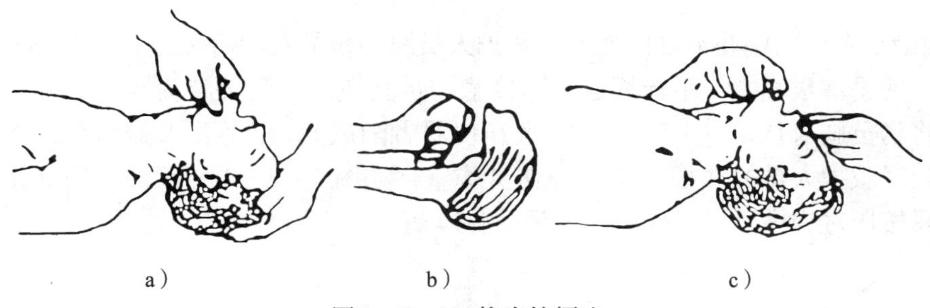

图 1—3—1　仰头抬颌法

a）头部后仰气道通畅　b）头部平躺呼吸道阻塞　c）捏鼻掰嘴

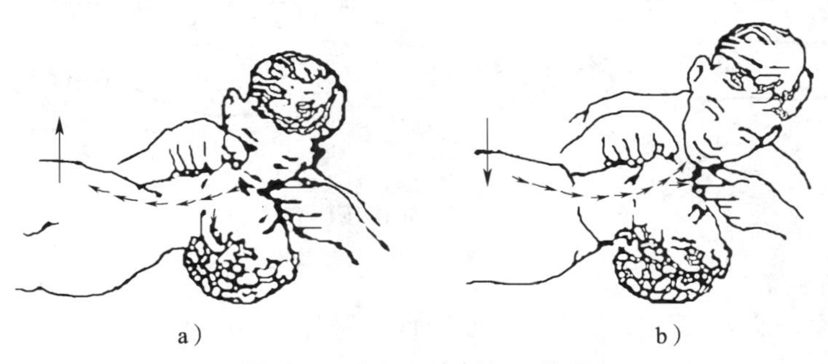

图 1—3—2　口对口人工呼吸

a）贴紧吹气　b）放松换气

2）除开始时大口吹气两次外，正常口对口（鼻）呼吸吹气量不宜过大，以免引起胃膨胀。吹气和放松时要注意伤员胸部应有起伏的呼吸动作。吹气时如有较大阻力，可能是头部后仰不够，应及时纠正。

3）触电者如牙关紧闭，可进行口对鼻人工呼吸。口对鼻人工呼吸吹气时，要将伤员嘴唇紧闭，防止漏气。

（4）胸外心脏按压法

正确的按压位置是保证胸外心脏按压效果的重要前提。确定正确按压位置的步骤如下：

1）救护人迅速地双腿跪在被救人右侧的肩膀旁，右手的食指和中指并拢沿触电者的两侧最下面的肋弓下缘向上，找到肋骨接合处的中点。两手指并齐，中指放在切迹中点（剑突底部），左手的掌根（即拇指最后一节 1/3 处）紧挨食指上缘，左手置于胸骨上，即为正确按压位置，如图 1—3—3 所示。

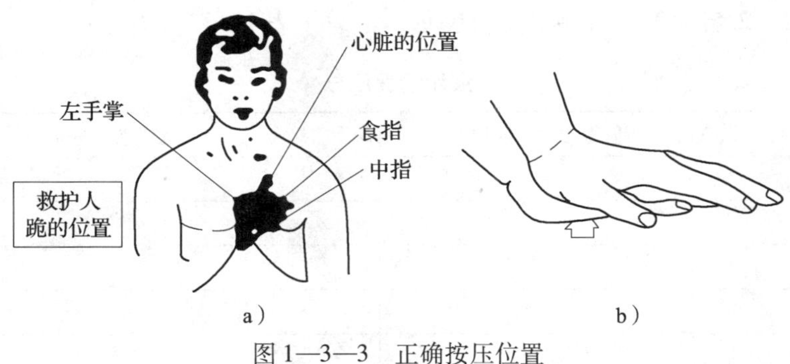

图 1—3—3　正确按压位置

2）使触电者仰面躺在平硬的地方，救护人员跪在伤员右侧肩位旁，两臂伸直，肘关节固定不屈，两手掌根相叠，手指翘起，不接触伤员胸壁。以髋关节为支点，利用上身的重力，垂直将伤员胸骨压陷 3 ~5 cm（儿童和瘦弱者酌减）。压至要求程度后，立即全部放松，但放松时救护人员的掌根不得离开伤员胸壁，如图 1—3—4 所示。按压必须有效，有效的标志是按压过程中可以触摸到伤员颈动脉搏动。

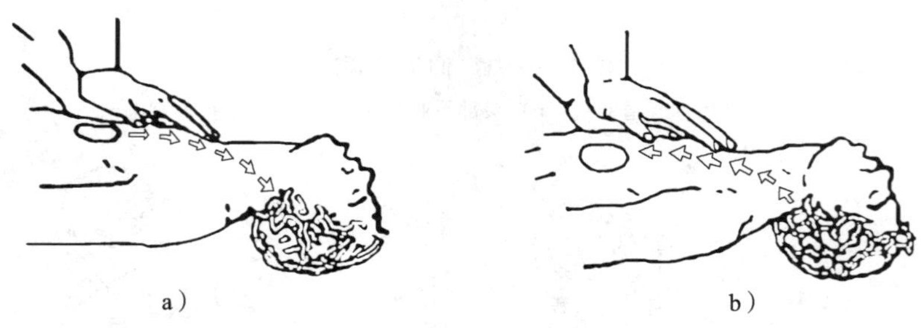

图 1—3—4　正确按压方法

a）向下挤压　b）迅速放松

3）操作频率。胸外按压要以均匀速度进行，每分钟 80 ~100 次，每次按压和放松时间相等。若胸外按压与口对口（鼻）呼吸要同时进行，单人抢救时，每按压 15 次后吹气两次（15∶2），反复进行，双人抢救时，每按压 5 次后由另一人吹气一次（5∶1），反复进行。

（5）抢救过程中的判定

1）按压吹气 5 min 后（相当于单人抢救时做了 4 个 15∶2 压吹循环），用看、听、试方法，在 5 ~7 s 时间内完成对伤员呼吸和心跳是否恢复的判定。

2）若判定颈动脉已有搏动但无呼吸，则暂停胸外按压，而再进行口对口人工呼吸。口对口人工呼吸，每 5 s 完成一次（即每分钟 12 次）。如脉搏和呼吸均未恢复，则继续坚持心肺复苏法抢救。

3）在抢救过程中，要每隔数分钟再判定一次，每次判定时间均不得超过 5 ~7 s。在医生未接替抢救前，现场抢救人员不得放弃抢救。现场触电抢救，对采用肾上腺素等药物应持慎重态度，如没有必要的诊断设备条件和足够的把握，不得乱用。在医院内抢救触电者时，由医务人员经医疗仪器设备诊断，根据诊断结果决定是否采用。

2. 训练汇报

各组推荐 1 ~2 名学生进行触电急救展示，汇总于表 1—3—1 中。

表 1—3—1　　展示情况汇总

展示学生姓名	值得你学习的地方	还需改进的地方

知识拓展

一、杆上或高处触电急救

(1) 发现低压杆上或高处有人触电，应争取时间及早在杆上或高处开始进行抢救。

(2) 救护人员应在确认触电者已与电源隔离，救护人员所处环境安全无触电的危险时，方可接触触电者进行抢救，并应注意防止发生高空坠落。

(3) 高处抢救

1) 触电者脱离电源后，应将伤员扶卧在自己的安全带上（或在适当地方躺平），并注意保持伤员气道通畅。

2) 如触电者呼吸停止，应立即口对口（鼻）吹气两次，再测颈动脉，如有搏动，则每5 s吹气一次，如颈动脉无搏动，可用空心拳头叩击心前区两次，促使心脏复跳。

3) 高处发生触电，为使抢救更有效，完成上述措施后，再立即用绳索参照图1—3—5所示，迅速将伤员送至地面。

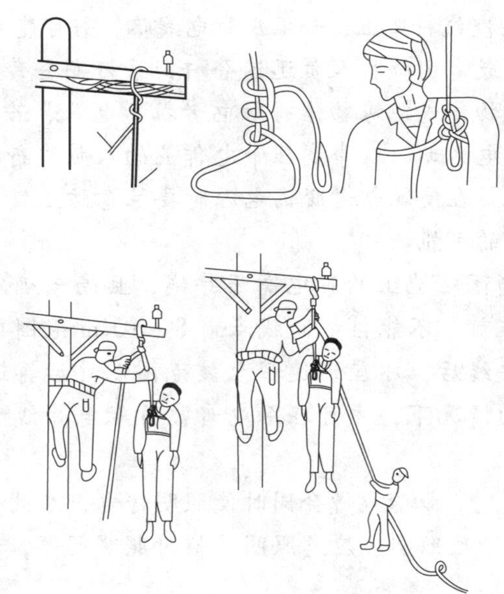

图1—3—5　杆上触电下放方法

4) 在将触电者由高处送至地面前，应再口对口（鼻）吹气4次。

5) 触电者送至地面后，应立即继续按心肺复苏法坚持抢救。

二、触电急救时应注意的问题

(1) 触电者脱离电源后，视触电人状态确定正确急救方法。

(2) 被救人不要躺在潮湿冰凉的地面，要保持被救人的身体余温，防止血液的凝固。

(3) 触电急救必须争分夺秒，立即在现场迅速用心肺复苏法进行抢救，抢救不准中断，只有医务人员接替救治后方可中止。在抢救时不要为方便而随意移动伤员，如确有必要移动时，抢救中断时间不应超过 30 s。移动或送医院的途中，必须保证触电者平躺在车上，必须保证呼吸道的通畅，不准将触电者半靠或坐在轿车里送往医院。如呼吸停止或心脏停止跳动，应在运往医院途中的车上继续进行心肺复苏法，抢救不得中断。

(4) 心肺复苏法的实施要迅速准确，吹气时要保证将气吹到被救人的肺中（吹气要观察被救人胸部有隆起），胸外挤压心脏时，要保证压在触电者心脏准确位置。胸外心脏挤压每挤压一次，被救人颈动脉应搏动一次，如无搏动，证明没挤压在心脏上，立即调整位置。

(5) 高压触电，应在确保救护人员安全情况下，因地制宜采取相应救护措施。例如，触电者触及高压带电设备，救护人员应迅速切断电源，或用适合该电压等级的绝缘工具（戴绝缘手套、穿绝缘靴并用绝缘棒）解脱触电者。救护人员在抢救过程中应注意保持自身与周围带电部分必要的安全距离。

(6) 触电发生在架空线杆塔上，如低压带电线路，若可能立即切断线路电源的，应迅速切断线路电源，或者由救护人员迅速登杆，系好安全带后，用带绝缘胶柄的钢丝钳、干燥的不导电物体或绝缘物体将触电者拉离电源。若为高压触电，触电者不能脱离电源，必须由电力部门从事高压带电作业的人员进行抢救。无论在何级电压线路上触电，救护人员在使触电者脱离电源时要注意防止发生高处坠落的可能和再次触及其他有电线路的可能。

(7) 触电者触及断落在地上的带电高压导线，且尚未确定线路无电，救护人员在没有采取安全措施前，不能接近断线点前 8～10 m 范围内，防止跨步电压伤人。触电者脱离带电导线后，亦应迅速带至该范围以外后再进行触电急救。只有在确定线路已经无电的情况下，才可在触电者离开触电导线后，立即就地进行急救。

(8) 救护触电伤员时，切除电源会同时使照明停电，在此情况下先进行心肺复苏，其他人员立即解决事故照明、应急照明等临时照明问题，新的照明要符合使用场所防火、防爆的要求。

四、评价

评价考核分四个等级：A（90～100 分）、B（75～89 分）、C（60～74 分）、D（0～59 分）。

评　价　表

项目名称	评价内容	配分	评价分数		
			自评	互评	师评
职业素养考核项目（40%）	劳动保护用品穿戴整齐	6分			
	安全意识、责任意识、服从意识	6分			
	积极参加教学活动、按时完成任务	10分			
	团队合作、与人交流能力	6分			
	劳动纪律	6分			
	生产现场管理6S标准	6分			
专业能力考核项目（60%）	专业知识查找及时、准确	12分			
	操作符合规范	18分			
	操作熟练、工作效率	12分			
	成品的验收质量	18分			
总分					
总评	自评（20%）+互评（20%）+师评（60%）	综合等级	教师（签名）:		

学习任务二　书房一控一灯的安装与检修

学习目标

1. 能识别导线、开关、灯等电工材料，识读电路原理图、施工图。
2. 掌握常用电工工具的使用方法。
3. 掌握万用表的使用方法。
4. 能按照作业规程应用必要的标识和隔离措施，准备现场工作环境。
5. 能按图纸、工艺及安装规程要求，进行护套线布线施工。
6. 施工后，能按施工任务书的要求直观检查。
7. 作业完毕后，能按照电工作业规程清点工具、人员，收集剩余材料，清理工程垃圾，拆除防护措施。

建议学时

30 学时

任务描述

某小区的物业公司提出给某住户的书房安装一控一灯的需求，用户要求当天完成该项工作，安装公司同意接收该项工作任务，开出任务单并委派维修电工人员前往该小区作业，并按客户要求当天完成任务，把客户验收单交付公司。

工作流程与活动

学习活动 1　电路的认识

学习活动 2　书房一控一灯的安装及故障排除

学习活动 1　电路的认识

学习目标

1. 能识别电路图，独立分析工作原理。
2. 了解电路的组成，掌握各元器件的作用及使用方法。

知识准备

一、识读电路图

一控一灯电气原理图如图 2—1—1 所示。

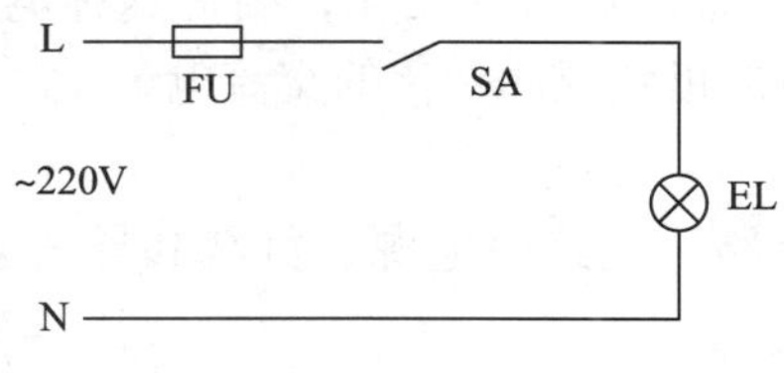

图 2—1—1　一控一灯电气原理图

1. 图中各文字符号含义

L——相线（火线）

N——零线

SA——开关

EL——照明灯

FU——熔断器

2. 电气原理图的组成

上述电气原理图由电源部分、控制部分、负载（用电器）及连接导线组成。

3. 工作原理

开关 SA、照明灯 EL，用导线串联在一起，连接在单相电源（AC220 V）上。若闭合 SA，电路将形成回路，照明灯就会点亮。FU 串接在电路中起到短路保护的作用。

二、常用名称介绍

（1）电流 I：电荷的定向移动形成电流。单位：安培（A）。

（2）电压 U：推动电荷移动的压力。单位：伏特（V）。

（3）电阻 R：导体内对电荷移动的阻碍作用。单位：欧姆（Ω）。

（4）功率 P：负载在 1 s 内消耗的电能。单位：瓦（W）。

（5）功 W：负载在电路中消耗的电能。单位：千瓦·时（kW·h）或度。

（6）电路图：用图形符号表示电路连接情况的图。

三、基本概念

1. 电流

（1）电流的定义

电荷有规则的定向运动，称作电流。

（2）电流的单位及符号

用电流强度来衡量电流产生的各种效应的强弱。电流的符号为“I”。电流的单位名称是“安培”，其简称及中文单位的符号是“安”，国际单位符号是“A”。电流的派生单位有：kA（千安）、mA（毫安）、μA（微安）。单位基本换算：1 kA = 1 000 A ；1 A = 1 000 mA；1 mA = 1 000 μA。

（3）电流的分类

1）如果电流的大小和方向都不随时间变化，则称这种电流为恒定直流电流。

2）如果电流的大小和方向都随着时间变化，则称这种电流为交变电流，简称交流电。平常所用的是一种大小和方向按正弦规律变化的交流电。

2. 电路

电流所经过的路径叫作电路。电路由电源、负载和导线三个部分组成，如图 2—1—2 所示。

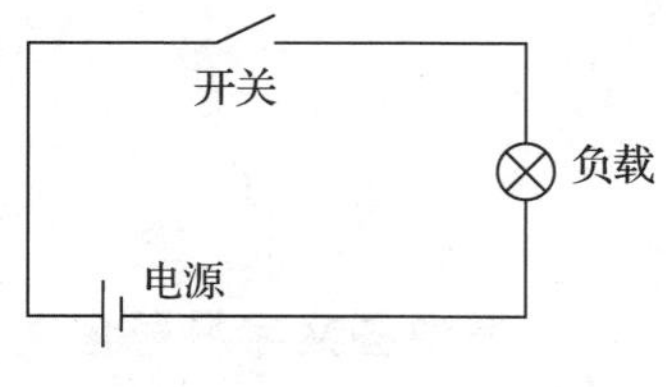

图 2—1—2　电路的构成

（1）电源

电源是将其他形式的能量转变为电能的装置，如发电机把机械能转变为电能，而干电池则是把化学能转变为电能。电源是提供电能的装置。

（2）负载

负载是将电能转变为其他形式能量的装置，如电动机是把电能转变为机械能，而电炉则把电能转变为热能。负载是消耗电能的装置。

（3）导线

导线是连接电源和负载使其成为闭合回路的装置，这样电荷才能在电源作用下，通过导线→负载→导线回到电源，进行定向运动形成电流。

在电路中还会出现开关、熔断器等电器，这些电器所起的作用和导线是一样的，是一段可以操作的导线，可以在需要的时候方便地切断或接通电路。

3. 电位和电压

电位反映了电荷在电路中运动时所处的位置，正电荷从高电位向低电位运动，这恰好就是规定的电流的方向，也就是电流从高电位流向低电位。

如果电路两点间电位不同，这两个电位的差值叫作电路两点间的电压。电压的符号是“U”。电压的单位名称是“伏特”，其简称及中文单位符号是“伏”，国际单位符号是“V”。电压的派生单位有：kV（千伏）、mV（毫伏）、μV（微伏）。单位基本换算：1 kV = 1 000 V ；1 V = 1 000 mV；1 mV = 1 000 μV

4. 电动势

电荷在电路中运动，动力来源是电源。电源的负极是低电位，正极是高电位，电源把正电荷从低电位通过电源内部搬运到高电位。反映电源搬运电荷能力的物理量叫电源的电动势，符号为“E”。电动势的单位也是“伏”，与电压的单位相同。

5. 电阻

电阻是电荷在物体中运动所受到的阻力，是物质本身具有的导电特性。自然界的物质按其导电特性分为：容易导电的导体，如各类金属；不容易导电的绝缘体，如木材、橡胶、塑料；介于二者之间的半导体，如硅、锗。

电阻的符号为“R”。电阻的单位名称是“欧姆”，其简称及中文单位符号是“欧”，国际单位符号是“Ω”。电阻的其他单位有：kΩ（千欧）、MΩ（兆欧）。单位基本换算：$1\ \text{k}\Omega = 10^3\ \Omega$；$1\ \text{M}\Omega = 10^6\ \Omega$。

电阻在电路中的图形符号如图 2—1—3 所示。

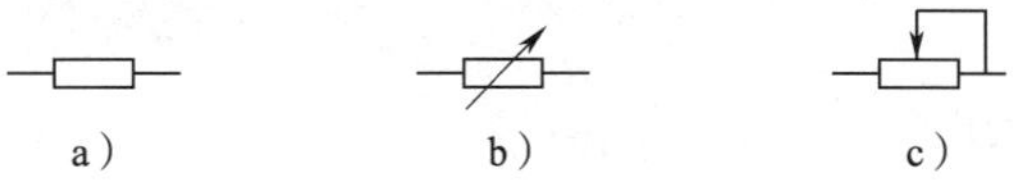

a）　　b）　　c）

图 2—1—3　电阻图形符号

a）一般电阻　b）变阻器　c）滑线变阻器

6. 电功率

负载在电路中要消耗电能，一个负载在单位时间内所消耗的电能叫作电功率。电功率的符号为“P”。电功率的单位名称是“瓦特”，其简称及中文单位符号是“瓦”，国际单位符号是“W”。电功率是一个间接电量，它的值等于负载两端电压 U 与负载中电流 I 的乘积。

即

$$P = UI$$

与欧姆定律结合，可以得到下面形式的电功率公式：

$$P = I^2R \text{ 或 } P = \frac{U^2}{R}$$

四、欧姆定律

1. 部分电路欧姆定律

部分电路是指不含电源的一段电路，如图 2—1—4 所示。

部分电路欧姆定律：流过一段导体中的电流 I，与加在这段导体两端的电压 U 大小成正比，与这段导体的电阻 R 大小成反比。

用数学式表示为

$$I = \frac{U}{R}$$

2. 全电路欧姆定律

全电路是指含有电源的闭合电路，如图 2—1—5 所示。

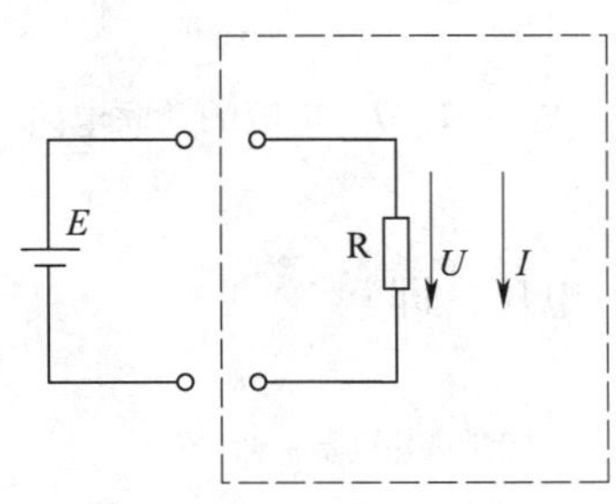

图 2—1—4　部分电路欧姆定律

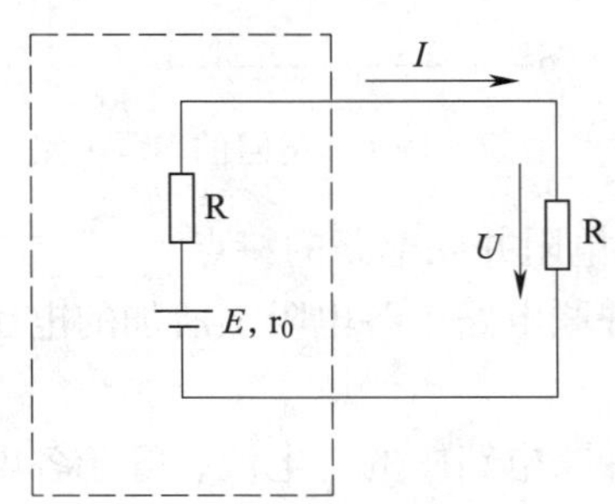

图 2—1—5　全电路欧姆定律

全电路欧姆定律：全电路中电流 I 的大小与电源的电动势 E 大小成正比，与整个电路的电阻大小成反比，用数学式表示为

$$I = \frac{E}{r_0 + R}$$

式中 R——整个外电路的电阻；

r_0——电源内阻。

五、电阻的串、并联

1. 电阻的串联

（1）电阻的串联电路

把两个或两个以上电阻首尾相接连成一串，中间没有分支，称为电阻的串联电路。如图 2—1—6 所示为两个电阻的串联电路。

（2）电阻串联电路的特点

1）串联电路中流过各电阻的电流为同一个电流，即

$$I = I_1 = I_2$$

2）串联电路的总电阻等于各串联电阻 R_1、R_2之和，即

$$R = R_1 + R_2$$

3）串联电路两端的总电压等于各串联电阻上分电压 U_1、U_2之和，即

$$U = U_1 + U_2$$

（3）电阻串联电路的用途

1）增大电路的总电阻。串联越多，阻值越大。

2）从高电压中分出低电压。

2. 电阻的并联

（1）电阻的并联电路

把两个或两个以上电阻的首端接在一起，尾端接在一起，然后接在电路的两个端点上，称为电阻的并联电路。如图 2—1—7 所示为两个电阻的并联电路。

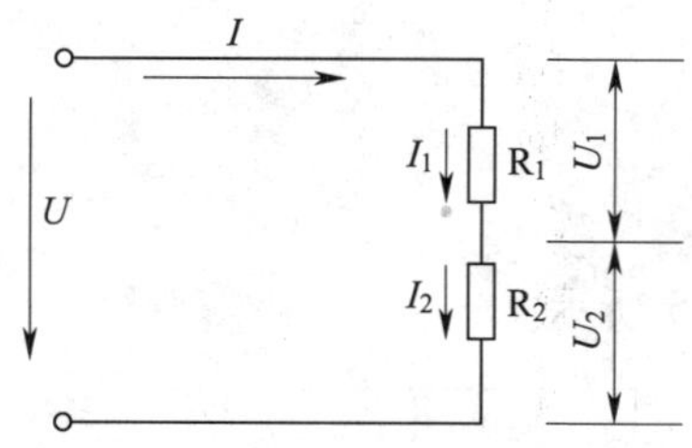

图 2—1—6　电阻的串联电路

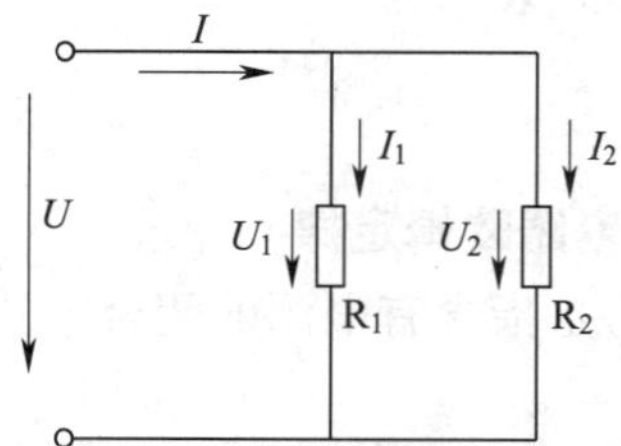

图 2—1—7　电阻的并联电路

（2）电阻并联电路的特点

1）并联电路中各电阻上所加的电压 U_1、U_2为同一电压，即

$$U = U_1 = U_2$$

2）并联电路中的总电流，等于各电阻上电流 I_1、I_2之和，即

$$I = I_1 + I_2$$

3）并联电路总电阻的倒数，等于各并联电阻 R_1、R_2倒数之和，即

$$\frac{1}{R}=\frac{1}{R_1}+\frac{1}{R_2}$$

(3) 电阻并联电路的用途

1）减小电路的总电阻。并联越多，阻值越小。

2）各电阻上可获得同一电压。

3）从大电流中分出小电流。

六、正弦交流电的基本知识

1. 交流电

所谓交流电，是指大小和方向都随时间作周期性变化的电流（或电动势、电压）。

日常生活或生产中用的交流电是随时间按正弦规律交变的，所以叫作正弦交流电，简称交流电。

注意：交流电的大小和方向都在变化，如果只有大小变化，而方向没有变化的不是交流电，而是直流电。例如，电池供电的电流、电压随时间的增加，电流逐渐减小，电压逐渐降低。

2. 正弦交流电动势的产生

如图 2—1—8 所示为一台交流发电机工作原理示意图。一对固定于机壳上的磁极，磁极间有一个可以自由转动的电枢，电枢上绕着绕组，绕组两端分别接在两个彼此绝缘的铜环上，铜环上装有电刷，通过铜环和电刷使绕组和外电路的负荷连接。当磁场中的绕组被原动机带动转动时，绕组中产生了感应电动势。该电动势产生的电流通过灯泡和检流计构成了闭合电路，使外电路中的灯泡发光，检流计的指针摆动。

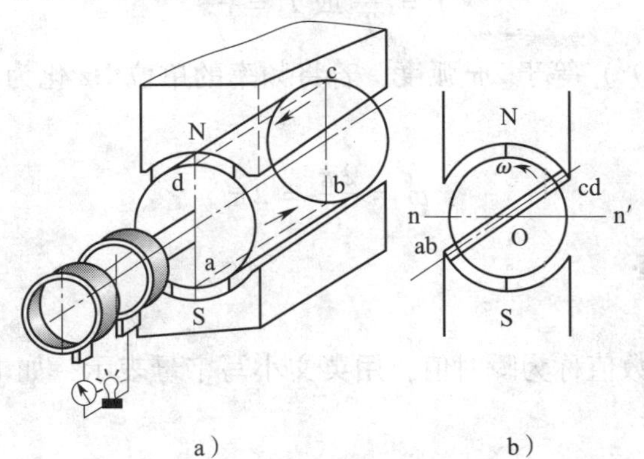

图 2—1—8　交流发电机工作原理示意图

a）透视图　b）剖面图

由导线切割磁力线产生感应电动势的原理可知，当导线长度 L 和切割速度 v 一定时，感应电动势的大小取决于磁通密度 B 的大小。为了得到随时间按正弦规律变化的交流电动势，在制造发电机时将磁极做成一定的形状，使磁通密度沿着电枢表面垂直方向按正弦规律分布，即

$$B = B_m \sin\alpha$$

式中 B_m——磁通密度的最大值，T；

α——绕组的一边和转轴 O 所组成的平面与中性面（两磁极间的分界面）间的夹角。

因此，感应电动势也是空间角 α 的正弦函数，即

$$e = E_m \sin\alpha$$

式中 E_m——感应电动势的最大值，V。

当绕组单位时间内旋转的角度（又称角速度）为 ω 时，空间角 $\alpha = \omega t$，则感应电动势 e 随时间变化的规律可写成：

$$e = E_m \sin\omega t$$

式中，ωt 为电动势在时间 t 时的相位角，称为电动势的相位角。

3. 周期与频率

正弦交流电随时间按正弦规律，由正到负、由负到正周而复始地变化。变化一周所需要的时间叫作周期，单位为 s，符号用 T 表示，如图 2—1—9 所示。

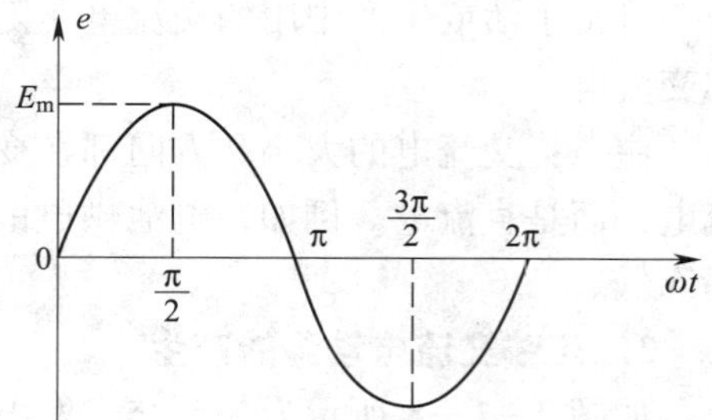

图 2—1—9 正弦交流电的周期

以电角度表示的一个周期为 2π 弧度，即

$$\omega T = 2\pi \text{ 或 } T = \frac{2\pi}{\omega}$$

每秒正弦量交变的次数叫作频率，单位为 Hz（赫兹），用 f 表示。我国电网采用的频率是 50 Hz。周期和频率互为倒数，即

$$f = \frac{1}{T} \text{ 或 } T = \frac{1}{f}$$

因为一个周期（360°）等于 2π 弧度，若将频率的单位 Hz 化为 rad/s（弧度每秒），即为角频率 ω，因此有

$$\omega = \frac{2\pi}{T} = 2\pi f$$

4. 瞬时值与最大值

（1）瞬时值

交流电任一时刻的数值称为瞬时值，用英文小写字母表示，如电流用 i，电压用 u，电动势用 e 等。

（2）最大值

正弦交流电瞬时值中的最大值，用有下标 m 的英文大写字母表示。如交流电流、电压、电动势的最大值分别用 I_m、U_m、E_m 表示。对于给定的正弦交流电，最大值是常数，在一个周期内出现两次，即正最大值和负最大值。

5. 有效值

交流电的瞬时值是随时间变化的，用瞬时值来反映交流电在电路中产生的效果很不方便。同时，用最大值也不能确切地反映出交流电的大小。工程中常用有效值。如果一个交

变电流通过一个电阻，在一个周期的时间内所产生的热量和某一直流电流通过同一电阻，在相等的时间内所产生的热量相等，则此直流值就定义为该交流电的有效值。即交变电流的有效值等于与它热效应相当的直流值。

交流电的有效值用英文大写字母表示，如用 I、U、E 分别表示电流、电压、电动势的有效值。

正弦交流电的有效值等于最大值的 $1/\sqrt{2}$ 即 0.707 倍，或者说正弦交流电的最大值等于有效值的 $\sqrt{2}$ 倍，即近似为 1.414 倍。

6. 相位、初相位和相位差

（1）相位、初相位

在交流发电机中，当电枢绕组平面的起始位置与中性面 a—a′重合时，感应电动势瞬时值的表达式为

$$e = E_m \sin\alpha = E_m \sin\omega t$$

如果将电枢绕组平面与中性面夹角为 φ 时作起始位置（即 $t=0$ 时，$\alpha=\varphi$），如图 2—1—10 所示，经过 t（s）后，电枢绕组平面与中性面的夹角增加了 ωt，因此，绕组所处位置的角度为 $\alpha=\omega t+\varphi$，则绕组中感应电动势的瞬时值应为

$$e = E_m \sin(\omega t + \varphi)$$

式中　$\omega t+\varphi$——相位角或相位。

相位是随时间变化的，它决定了正弦电动势瞬时值的大小和方向。$t=0$ 时的相位角 φ 叫初相位角或初相位。在波形图上，初相位 φ 是正弦曲线正向过零点与坐标原点之间的角度。正向过零点在纵轴左侧时，初相位是正值；在右侧时，初相位是负值。如图 2—1—11 中电流 i_1 的初相位为 +60°，电流 i_2 的初相位为 −30°，它们的瞬时值表达式分别为

$$i_1 = I_{1m} \sin(\omega t + 60°)$$
$$i_2 = I_{2m} \sin(\omega t - 30°)$$

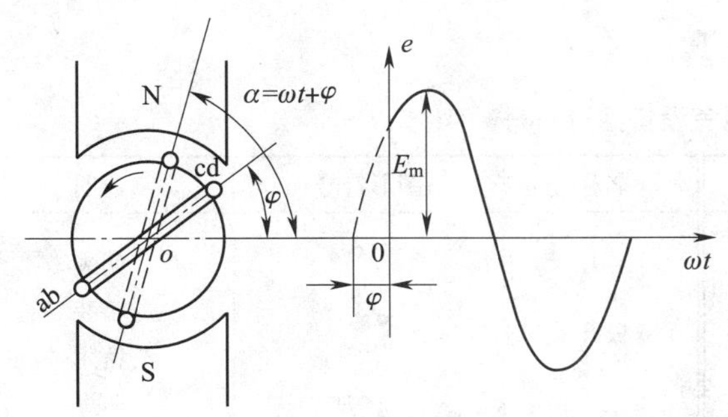

图 2—1—10　电动势的相位和初相位

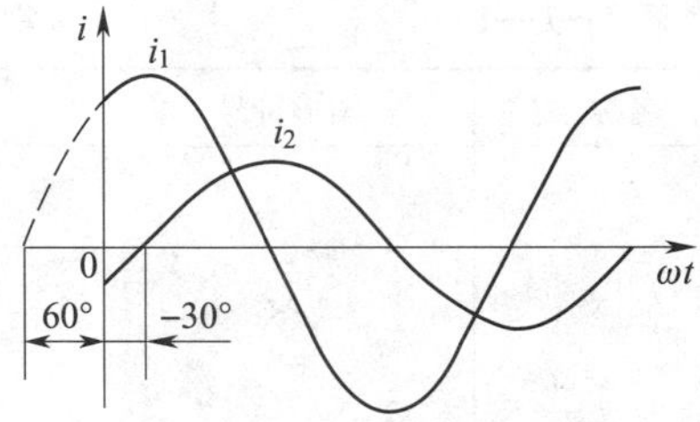

图 2—1—11　初相位的正负值

（2）相位差

两个完全相同的电枢绕组，它们在电枢上的空间位置如图 2—1—12a 所示。由于它们绕在同一电枢上，所以两个绕组以同一角速度切割磁力线，它们产生的感应电动势分别为：

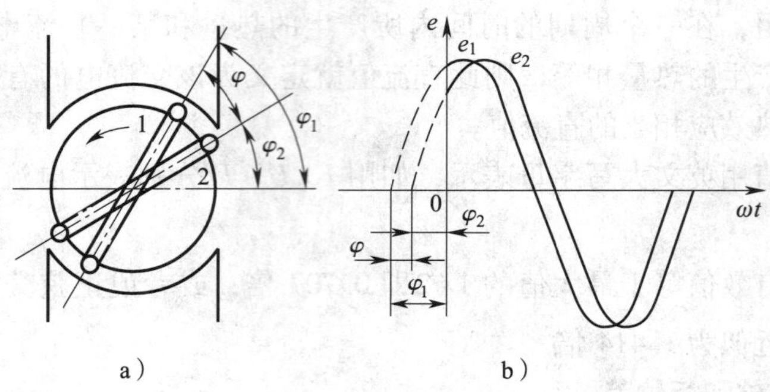

图 2—1—12　相位差

a）两绕组的空间位置　b）电动势波形图

$$e_1 = E_m \sin(\omega t + \varphi_1)$$

$$e_2 = E_m \sin(\omega t + \varphi_2)$$

这两个电动势的最大值和角频率相同，只是相位不同。两个同频率的正弦量在相位上的差别叫作相位差，即

$$(\omega t + \varphi_1) - (\omega t + \varphi_2) = \varphi_1 - \varphi_2 = \varphi$$

由图 2—1—12b 看出，由于 e_1 和 e_2 存在相位差，所以在任一时刻它们的瞬时值都不相等，且 e_1 总比 e_2 先到达最大值，就是说 e_1 在相位上超前 $e_2 \varphi$ 角，或者说 e_2 较 e_1 滞后 φ 角。

在图 2—1—11 中，i_1 和 i_2 间的相位差为 φ，且

$$\varphi = \varphi_1 - \varphi_2 = 60° - (-30°) = 90°$$

就是说 i_1 超前 i_2 90°，或者说 i_2 滞后 i_1 90°。

如果两个同频率的正弦量的相位差为零，则这两个正弦量为同相位；如果相位差为 180°，则这两个正弦量为反相位。

七、常用照明电气设备图形符号

常用照明电气设备图形符号见表 2—1—1。

表 2—1—1　　**常用照明电气设备图形符号**

名称	图形符号	说明	名称	图形符号	说明
插座		一般符号	双极开关		明装 暗装 密闭 防爆
单相插座		明装 暗装 密闭 防爆	三极开关		明装 暗装 密闭 防爆

续表

名称	图形符号	说明	名称	图形符号	说明
单相三孔插座		明装 暗装 密闭 防爆	钥匙开关		
三相四孔插座		明装 暗装	灯		一般符号
多个插座	3	3 个	灯管	5	一般符号 三管荧光灯 五管荧光灯
带开关插座		具有单极开关的插座	局部照明灯		
带熔断器的插座			安全灯		
开关		一般符号			
		单极双控拉线开关	防水防尘灯		
		双控开关	吸顶灯		
		单极拉线开关	壁灯		
单极开关		明装 暗装 密闭 防爆	花灯		

学习活动 2　书房一控一灯的安装及故障排除

学习目标

1. 能识别导线、开关、灯等电工材料。
2. 能正确使用电工常用工具。
3. 能进行书房一控一灯的安装及故障排除。

知识准备

一、导线、开关、灯以及常用灯具的认识

1. 导线的规格、型号及种类

（1）一般常用绝缘导线种类

1）橡皮绝缘导线。型号：BLX—铝芯橡皮绝缘线、BX—铜芯橡皮绝缘线。

2）聚氯乙烯绝缘导线（塑料线）。型号：BLV—铝芯塑料线、BV—铜芯塑料线。

3）橡皮电缆。型号：YHC—重型橡套电缆、NYHF—农用氯丁橡套拖拽电缆。

橡皮绝缘导线有铜芯、铝芯，有单芯、双芯及多芯。用于屋内布线，工作电压一般不超过 500 V。

（2）导线粗细选择的原则

1）标称截面积相同，布线形式不同，安全载流量不同。

2）工作电流相同，布线形式不同，应选择不同粗细的芯线。

3）安全载流量与导线的标称截面积不成正比。实际应用中，第二种情况占多数。

2. 开关的种类

（1）按装置方式，可分为明装式（明线装置用）、暗装式（暗线装置用）、悬吊式（开关处于悬垂状态用）、附装式（装设于电气器具外壳）。

（2）按操作方法，分为翘板式、倒扳式、拉线式、按钮式、推移式、旋转式、触摸式和感应式。

（3）按接通方式，可分为单联（单投、单极）、双联（双投、双极）、双控（间歇双投）和双路（同时接通二路）。常用开关如图 2—2—1 所示。

3. 白炽灯结构、原理及种类

白炽灯由灯丝、玻璃壳、玻璃支架、引线、灯头等组成，如图 2—2—2 所示。灯丝一般用钨丝制成，当电流通过灯丝时，由于电流的热效应，使灯丝温度上升至白炽程度而发光。40 W 以下的灯泡，制作时将玻璃壳内抽成真空；40 W 及以上的灯泡则在玻璃壳内充有氩气或氮气等惰性气体，使钨丝在高温时不易挥发。

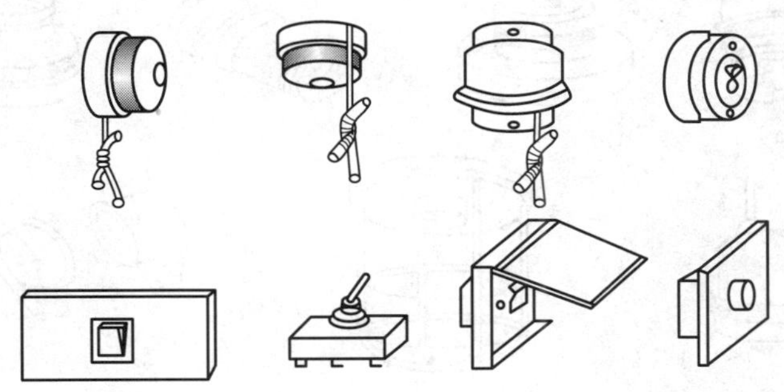

图 2—2—1　常用开关外形图

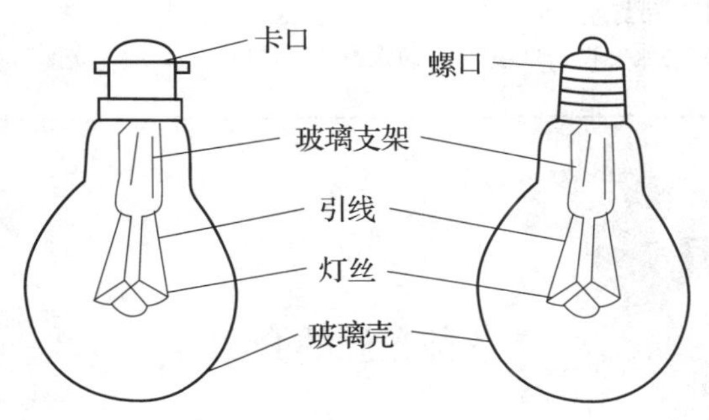

图 2—2—2　白炽灯结构

白炽灯的种类很多，按其灯头结构可分为卡口式和螺口式两种；按其额定电压分为 6 V、12 V、24 V、36 V、110 V 和 220 V 六种；就其额定电压来说有 6 ~ 36 V 的安全照明灯泡，作局部照明用，如手提灯、车床照明灯等，有 220 ~ 230 V 的普通白炽灯泡，作一般照明用；按其用途可分为普通照明用白炽灯、投光型白炽灯、低压安全灯及各类信号指示灯等。各种不同额定电压的灯泡，其外形很相似，所以在安装使用灯泡时应注意灯泡的额定电压必须与线路电压一致。

4. 灯座的种类

灯座是供普通照明用白炽灯泡和气体放电灯管与电源连接的一种电气装置。以前习惯将灯座叫作灯头，自 1967 年国家制定了白炽灯灯座的标准后，全部改称灯座，而把灯泡上的金属头部叫作灯头。

（1）按与灯泡的连接方式，分为螺口式（又称螺旋式）和卡口式两种，这是灯座的首要特征分类。

（2）按安装方式分，则有悬吊式、平装式、管接式三种。

（3）按材料分，有胶木、瓷质和金属灯座。

（4）其他派生类型，如防雨式、安全式、带开关、带插座二分火、带插座三分火等多种。除白炽灯座外，还有荧光灯座（又叫日光灯座）、荧光灯启辉器座以及特定用途的橱窗灯座等。常用灯座如图 2—2—3 所示。

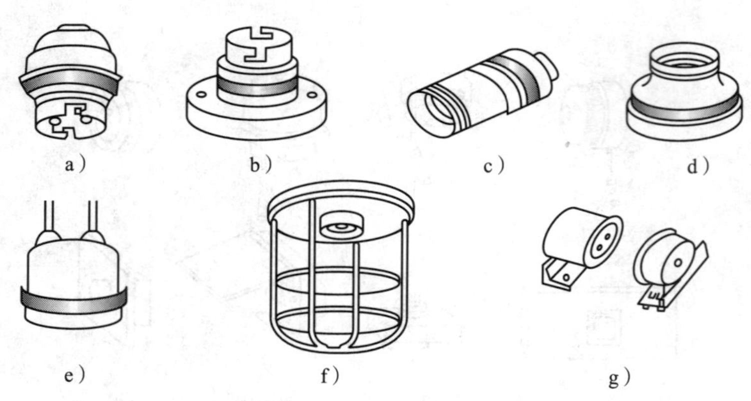

图 2—2—3 常用灯座外形图

a）卡口吊灯座 b）卡口平灯座 c）螺口吊灯座 d）螺口平灯座

e）防水螺口吊灯座 f）防水螺口平灯座 g）安全荧光灯座

知识拓展

各种光源的介绍

一、热辐射光源

1. 白炽灯（图 2—2—4）、卤钨灯（图 2—2—5）

这两种灯都属于热辐射光源。

图 2—2—4 白炽灯

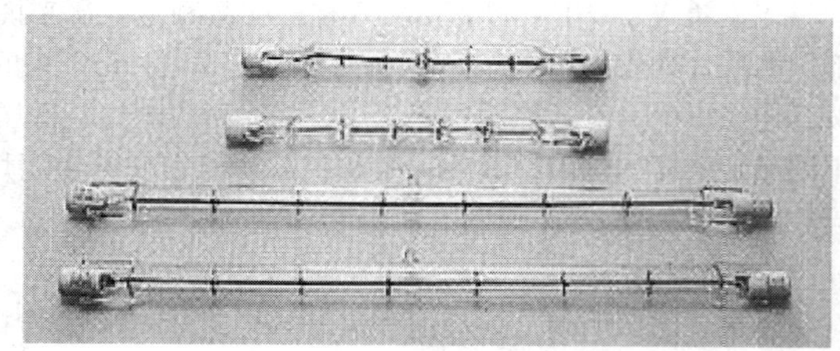

图 2—2—5 卤钨灯

2. 白炽灯和卤钨灯使用中应注意的几点问题

（1）白炽灯和卤钨灯可以在任意方位下工作。点灯之后立刻就可变亮，还可以随意地关掉和再次开启。

（2）白炽灯和卤钨灯的调光很容易，而且比较廉价，调暗灯光可以延长光源的使用寿命。

（3）白炽灯的光效比较低，标准白炽灯的光效大约是 5 ~ 20 lm/W；卤钨灯的光效大约是 15 ~ 25 lm/W。

(4) 在进行调光时，白炽灯能够做到随着光强降低而使其颜色逐渐变红。

(5) 白炽灯具有各种各样的尺寸。

(6) 低光效和较短的使用寿命是这类光源最大的缺点。

二、气体放电光源

1. 荧光灯（图2—2—6）

2. 紧凑型荧光灯

紧凑型荧光灯又称为节能灯，如图2—2—7所示。灯耗仅为白炽灯的1/4。

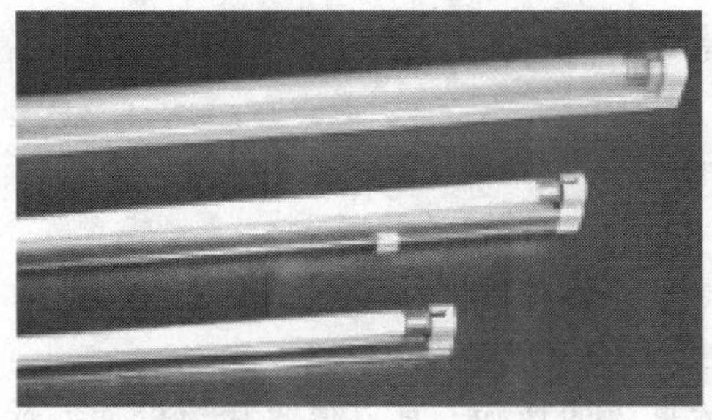

图2—2—6　荧光灯

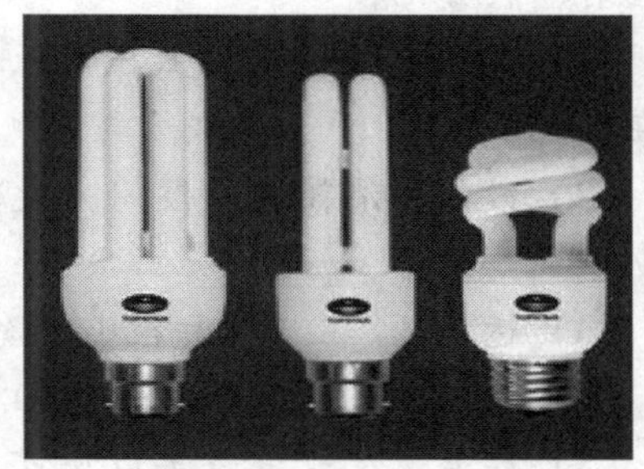

图2—2—7　节能灯

一种是配有螺旋形灯头并能安装在白炽灯灯座上的光源，可直接用来替换白炽灯；另一种是配有卡口灯头的光源，则要安装在专为紧凑型荧光灯设计的灯具上。

3. 高强度气体放电灯（HID）

体型小、使用寿命长、光输出高，经常被用在道路照明、广场照明以及一些像体育馆或工厂厂房等大型室内空间的照明中；光效一般都比较高，为50～100 lm/W；需要利用镇流器来控制灯中的电流；工作时会有很高的温度，需要设置一定的保护措施以避免触碰；在室内和室外都能使用。

HID光源需要一定的时间来进行预热，如果在光源工作时断电，则需要在灯泡彻底冷却之后才能再次启动点灯回路以点亮光源，再启动需要10 min以上的时间。常见的有金属卤化物灯（图2—2—8）、钠灯（图2—2—9）。

图2—2—8　金属卤化物灯

图2—2—9　钠灯

三、其他照明光源

1. 发光二极管（LED）

LED是一种能够将电能转化为可见光的半导体，它不同于白炽灯钨丝发光与节能灯三基色粉发光的原理，而是采用电场发光。如图2—2—10所示。

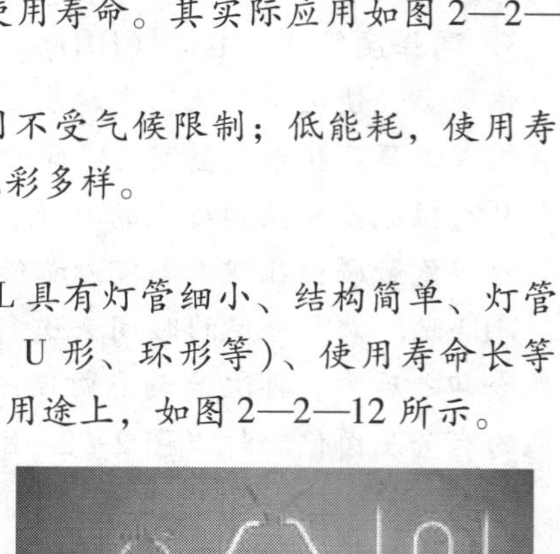

图2—2—10　发光二极管结构示意图

LED光源的特点：使用寿命长、光效高、无辐射、低功耗。

（1）电压：LED使用低压电源，供电电压在6～24 V。

（2）效能：消耗能量较同光效的白炽灯减少80%。

（3）适用性：由于体积很小，故可以制备成各种形状的器件，适合于易变的环境。

（4）稳定性：使用寿命长达10万h，光衰为初始的50%。

（5）颜色：改变电流可以变色，随着电流的增加，可以依次变为橙色、黄色，最后为绿色。

2. 霓虹灯

工作原理与荧光灯有些相近。主要用在标志照明和一些特殊形式的照明中，也可用于建筑形象的照明中。使用寿命大约为20 000～40 000 h。光效适中，可以调光，而且开启和关闭引起的频闪也不会影响其使用寿命。其实际应用如图2—2—11所示。

霓虹灯具有的特点：高效率；温度低，使用不受气候限制；低能耗，使用寿命长；动感强，效果佳，经济实用；制作灵活，色彩多样。

3. 冷阴极荧光灯（CCFL）

冷阴极荧光灯是一种新型的照明光源。CCFL具有灯管细小、结构简单、灯管表面亮度高、易加工成各种形状（直管形、L形、U形、环形等）、使用寿命长等优点。当前广泛用于广告灯箱、扫描仪和背光源等用途上，如图2—2—12所示。

图2—2—11　霓虹灯

图2—2—12　冷阴极荧光灯

二、常用电工工具的使用

1. 电工刀（图2—2—13）

图2—2—13　电工刀

使用电工刀时，要注意以下安全知识：

（1）使用电工刀时，应注意避免伤手。

（2）电工刀用毕，随即将刀身折进刀柄。

（3）电工刀刀柄是无绝缘保护的，不能在带电导线或器材上剖削，以免触电。

2. 低压验电笔

低压验电笔使用方法如图2—2—14所示。

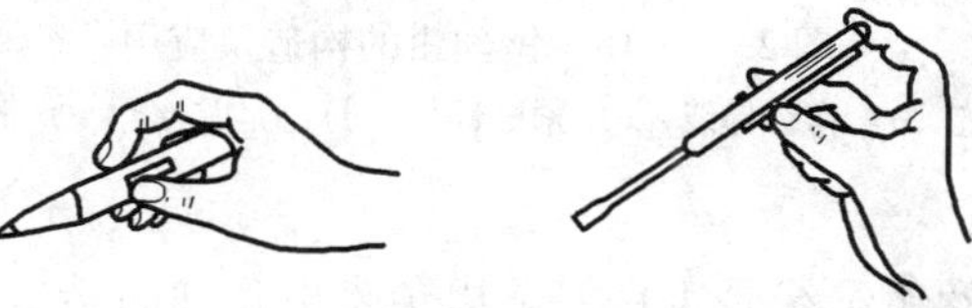

图2—2—14　低压验电笔使用方法

注意：手指必须接触笔尾的金属体（钢笔式）或测电笔顶部的金属螺钉（旋具式），则只要带电体与大地之间的电位差超过70 V时，电笔中的氖泡就会发光。

3. 旋具

（1）旋具的用途

用于紧固或拆卸螺钉。

（2）旋具的式样和规格

旋具的式样和规格很多，按头部形状不同可分为一字形和十字形两种，如图2—2—15所示。

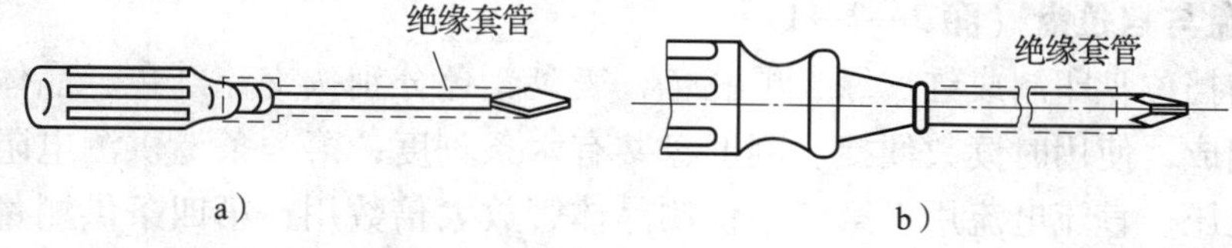

图2—2—15　旋具

a）一字旋具　b）十字旋具

一字旋具常用的规格有50 mm、100 mm、150 mm和200 mm等，电工必备的是50 mm和150 mm两种。十字旋具专供紧固或拆卸十字槽的螺钉，常用的规格有Ⅰ～Ⅳ号四种，分别适用于直径为2～2.5 mm、3～5 mm、6～8 mm和10～12 mm的螺钉。

按握柄材料不同，旋具又可分为木柄和塑料柄两种。

（3）使用注意事项

1）带电作业时，手不可触及旋具的金属杆，以免发生触电事故。

2）作为电工，不应使用金属杆直通握柄顶部的旋具。

3）为防止金属杆触到人体或邻近带电体，金属杆应套上绝缘管。

4. 钢丝钳

（1）构造和用途

钢丝钳在电工作业时用途广泛。电工钢丝钳由钳头和钳柄两部分组成，钳头由钳口、齿口、刀口和铡口四部分组成。钳口用来弯绞和钳夹导线线头；齿口用来紧固或起松螺母；刀口用来剪切导线或剖削软导线绝缘层；铡口用来铡切电线线芯、钢丝或铅丝等较硬金属。其构造及用途如图 2—2—16 所示。

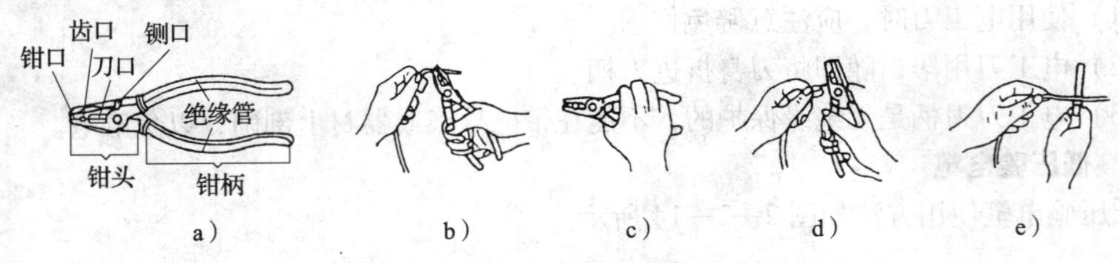

图 2—2—16 钢丝钳的构造及应用

a）构造 b）弯绞导线 c）紧固螺母 d）剪切导线 e）铡切钢丝

（2）使用注意事项

1）使用前，检查钢丝钳绝缘是否良好，以免带电作业时造成触电事故。

2）在带电剪切导线时，不得用刀口同时剪切不同电位的两根线（如相线与零线、相线与相线等），以免发生短路事故。

三、万用表的使用

1. MF－47 万用表基本功能

MF－47 型万用表是设计新颖的磁电系整流式、便携式、多量程万用电表，可供测量直流电流、交直流电压、直流电阻等，具有 26 个基本量程，以及电平、电容、电感、晶体管直流参数等 7 个附加参考量程。

2. 刻度盘与挡位盘（图 2—2—17）

刻度盘与挡位盘印制成红、绿、黑三色，表盘颜色分别按交流红色、晶体管绿色、其余黑色对应制成，使用时读数便捷。刻度盘共有六条刻度，第一条专供测电阻用；第二条供测交直流电压、直流电流用；第三条供测晶体管放大倍数用；第四条供测量电容用；第五条供测电感用；第六条供测音频电平。刻度盘上装有反光镜，以消除视差。

除交直流电压 2 500 V 和直流电流 5 A 分别有单独插座之外，其余各挡只需转动一个选择开关，使用方便。

3. 使用方法

本次任务只要求掌握电阻和交流电压的测量，其他功能在后面教学中介绍。

使用前准备：在使用前应检查指针是否指在机械零位上，如不指在零位时，可旋转表盖的调零器使指针指示在零位上（称为机械调零）；将测试棒红黑插头分别插入“＋”“－”插座中，如测量交直流电压 2 500 V 或直流电流 5 A 时，红插头则应分别插到标有“2 500 V”或“5 A”的插座中。

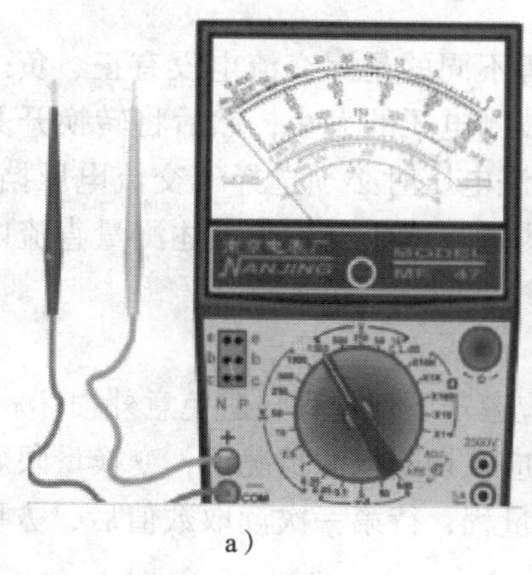
a）

b）

图 2—2—17　MF－47 万用表的外形、挡位、刻度盘
a）外形、挡位　b）刻度盘

（1）测量电阻

先将表棒搭在一起短路，使指针向右偏转，随即调整“Ω”调零旋钮（称欧姆调零），使指针恰好指到 0（若不能指示在欧姆零位，则说明电池电压不足，应更换电池）。然后将两根表棒分别接触被测电阻（或电路）两端，读出指针在欧姆刻度线（第一条线）上的读数，再乘以该挡标的数字，就是所测电阻的阻值。例如，用 R×100 挡测量电阻，指针指在 80，则所测得的电阻值为 80×100＝8 kΩ。

测量电阻应注意：

1）由于“Ω”刻度线左部读数较密，难于看准，所以测量时应选择适当的欧姆挡，使指针尽量能够指向刻度盘中间偏右三分之一区域。

2）测量电路中的电阻时，应先切断电路电源，如电路中有电容，应先行放电。

3）每次换挡都应重新将两根表棒短接，重新调整指针到零位（欧姆调零），才能测准。

4）测量电阻时，不能两手同时接触电阻或表笔，否则测量时就接入了人体电阻，导致测量结果不准确（阻值偏小）。

5）读数时，从右向左读，且目光应与表盘刻度垂直。

6）所测电阻值的大小应为刻度数乘以量程。

测量电阻的步骤：①进行机械调零；②进行欧姆调零；③选择合适的量程；④进行测量；⑤读数。

（2）测量直流电压

首先估计一下被测电压的大小，然后将转换开关拨至适当的－V 量程（直流挡），将正表棒接被测电压“＋”端，负表棒接被测量电压“－”端，根据该挡量程数字与标直流符号“DC”的刻度线（第二条线）上指针所指的数字，读出被测电压的大小。如用 300 V 挡测量，可以直接读 0～300 的指示数值。如用 30 V 挡测量，只需将刻度线上 300 这个数字去掉一个“0”，看成是 30，再依次把 200、100 等数字看成是 20、10，即可直接读出指针指示数值。例如，用 500 V 挡测量直流电压，指针指在 22 刻度处，则所测得电压就应为 220 V。

（3）测量交流电压

测量交流电压的方法与测量直流电压相似，所不同的是因交流电没有正、负之分，所以测量时表笔也就不需分正、负。首先估计一下被测电压的大小，然后将转换开关拨至适当的 ~V 量程（交流挡），需要注意的是，测量交流电压时必须选择“交流电压挡”，且在测量前必须确认已选择交流电压挡后，方可进行测量。读数方法与上述测量直流电压读法一样，只是数字应看标有交流符号“AC”的刻度线上的指针位置。

4. 使用万用表时的注意事项

（1）万用表虽有双重保护装置，但使用时仍应遵守下列规程，避免意外损坏。

1）测量高压或大电流时，为避免烧坏开关，应在切断电源情况下，变换量限。

2）测未知量的电压或电流时，应先选择最大量程，待第一次读取数值后，方可逐渐转至适当位置，以取得较准读数并避免烧坏电路。

3）偶然发生因过载而烧断熔丝时，可打开表盒换上同型号的熔丝（0.5 A/250 V）。

（2）测量高压时，要站在干燥绝缘板上，并一手操作，防止意外事故。

（3）电阻各挡用干电池应定期检查、更换，以保证测量精度。平时不用万用表应将挡位盘打到交流 250 V 挡；如长期不用应取出电池，以防止电液溢出腐蚀损坏其他零件。

（4）每次测量前，必须进行机械调零，否则测量结果不准确；测量电阻时，每换一次挡位都要进行欧姆调零。

（5）使用万用表时，应使万用表水平放置在桌子上；读数时眼睛视线应与指针垂直，以免出现误差。

任务实施

一、实训目的

1. 掌握常见导线的安装方法。
2. 能进行书房一控一灯的安装及故障排除。

二、主要实训器材

电工刀、验电笔、旋具、万用表、照明灯具、常用导线等。

三、实训内容

1. 导线连接的方法与基本要求

（1）导线连接的基本要求

导线连接既是电工作业的一项基本工序，也是一项十分重要的工序。导线连接的质量直接关系到整个线路能否安全可靠地长期运行。对导线连接的基本要求是：连接牢固可靠、接头电阻小、机械强度高、耐腐蚀、耐氧化、电气绝缘性能好。

（2）常用连接方法

需连接的导线种类和连接形式不同，其连接的方法也不同。常用的连接方法有绞合连接、焊接、紧压连接等。连接前应小心地剥除导线连接部位的绝缘层，注意不可损伤其芯线。

1）绞合连接。绞合连接是指将需连接导线的芯线直接紧密绞合在一起。铜导线常用绞合连接。

①单股铜导线的直接连接

小截面单股铜导线连接方法如图 2—2—18 所示，先将两导线的芯线线头作 X 形交叉，再将它们相互缠绕 2 ~3 圈后扳直两线头，然后将每个线头在另一芯线上紧贴密绕 5 ~6 圈后剪去多余线头即可。

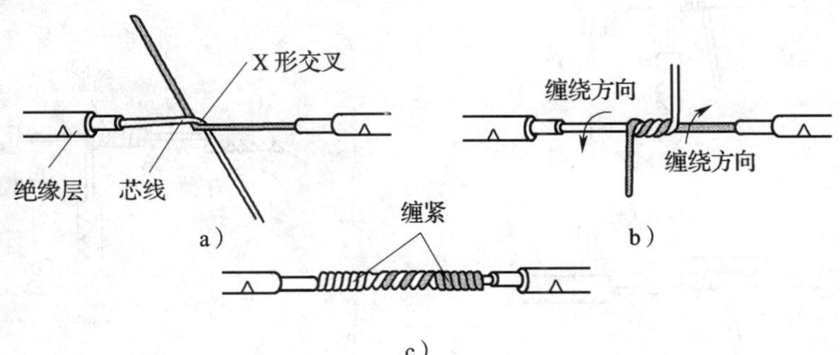

图 2—2—18　小截面单股铜导线连接方法

大截面单股铜导线连接方法如图 2—2—19 所示，先在两导线的芯线重叠处填入一根相同直径的芯线，再用一根截面约 1.5 mm^2 的裸铜线在其上紧密缠绕，缠绕长度为导线直径的 10 倍左右，然后将被连接导线的芯线线头分别折回，再将两端缠绕的裸铜线继续缠绕 5 ~6 圈后剪去多余线头即可。

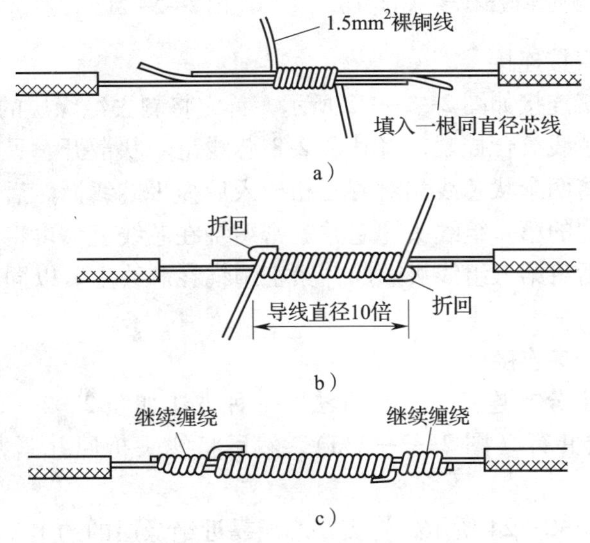

图 2—2—19　大截面单股铜导线连接方法

不同截面单股铜导线连接方法如图 2—2—20 所示，先将细导线的芯线在粗导线的芯线上紧密缠绕 5 ~6 圈，然后将粗导线芯线的线头折回紧压在缠绕层上，再用细导线芯线在其上继续缠绕 3 ~4 圈后剪去多余线头即可。

②单股铜导线的分支连接

单股铜导线的 T 字分支连接如图 2—2—21 所示，将支路芯线的线头紧密缠绕在干路芯线上 5 ~8 圈后剪去多余线头即可，如图 2—2—21a 所示。对于较小截面的芯线，可先将支路芯线的线头在干路芯线上打一个环绕结，再紧密缠绕 5 ~8 圈后剪去多余线头即可，如图 2—2—21b 所示。

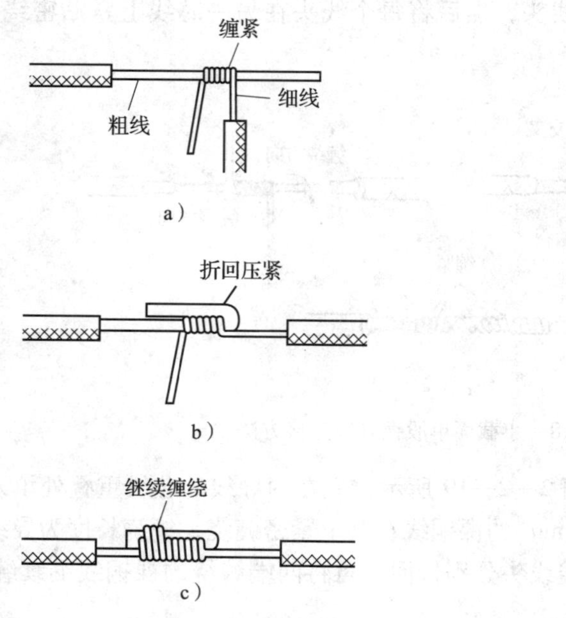

图 2—2—20　不同截面单股铜导线连接方法

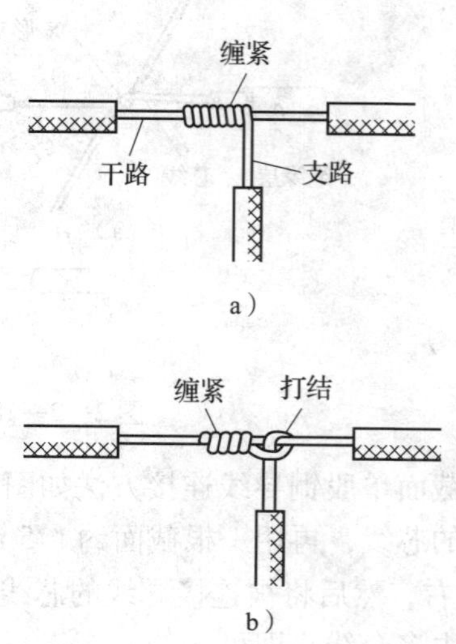

图 2—2—21　单股铜导线的 T 字分支连接

③多股铜导线的直接连接

多股铜导线的直接连接如图 2—2—22 所示，首先将剥去绝缘层的多股芯线拉直，将其靠近绝缘层约 1/3 的芯线绞合拧紧，将其余 2/3 芯线呈伞状散开，另一根需连接的导线芯线也如此处理。接着将两伞状芯线相对着互相插入后捏平芯线，然后将每一边的芯线线头分成三组，先将某一边的第一组线头翘起并紧密缠绕在芯线上，再将第二组线头翘起并紧密缠绕在芯线上，最后将第三组线头翘起并紧密缠绕在芯线上。以同样方法缠绕另一边的线头。

④多股铜导线的分支连接

多股铜导线的 T 字分支连接有两种方法，一种方法如图 2—2—23 所示，将支路芯线 90°折弯后与干路芯线并行（图 2—2—23a），然后将线头折回并紧密缠绕在芯线上即可（图 2—2—23b）。

另一种方法如图 2—2—24 所示，将支路芯线靠近绝缘层的约 1/8 芯线绞合拧紧，其余 7/8 芯线分为两组（图 2—2—24a），一组插入干路芯线当中，另一组放在干路芯线前面，并按图 2—2—24b 所示方向朝右边缠绕 4 ~5 圈，再将插入干路芯线当中的那一组按图 2—2—24c 所示方向朝左边缠绕 4 ~5 圈，连接好的导线如图 2—2—24d 所示。

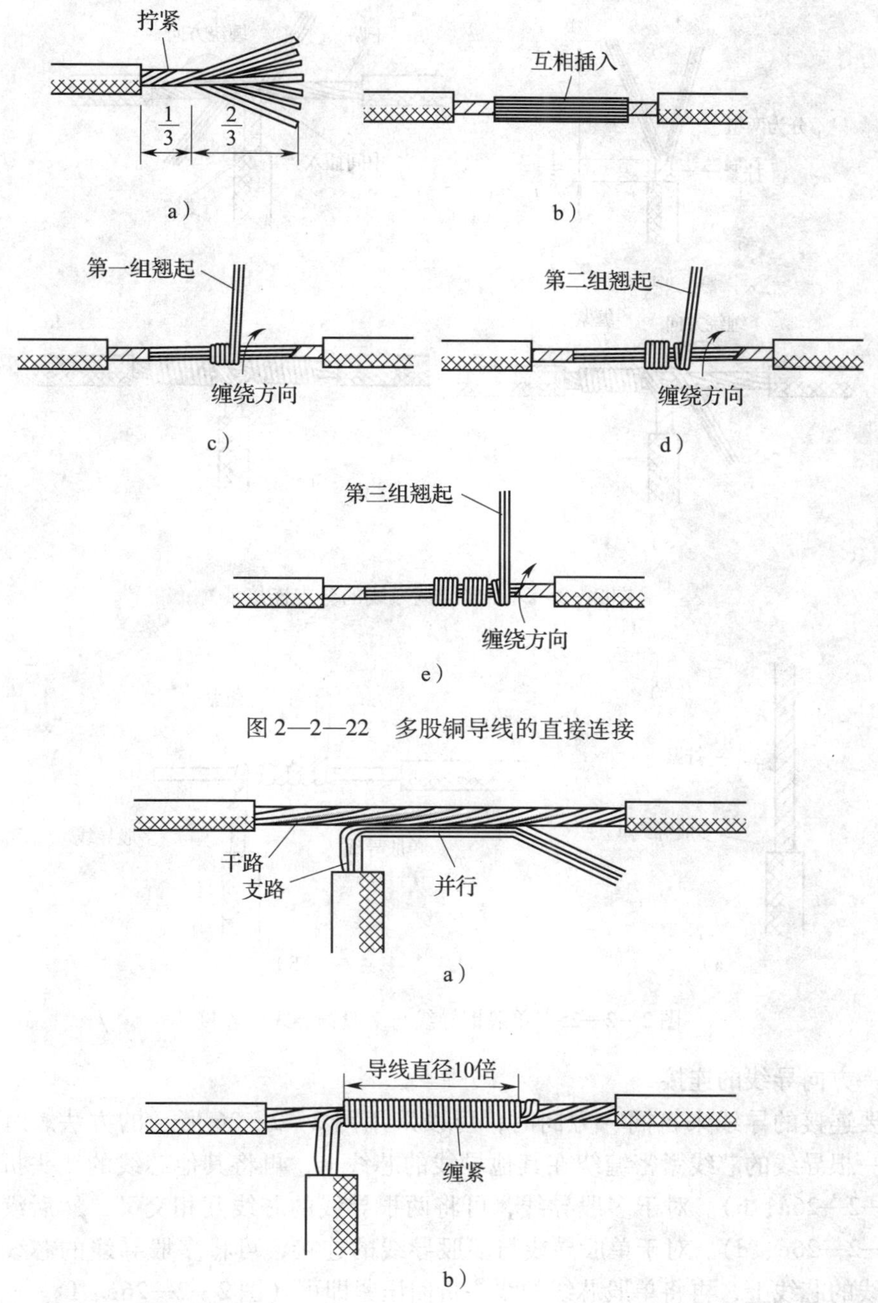

图 2—2—22　多股铜导线的直接连接

图 2—2—23　多股铜导线的分支连接

⑤单股铜导线与多股铜导线的连接

单股铜导线与多股铜导线的连接方法如图 2—2—25 所示，先将多股导线的芯线绞合拧紧成单股状，再将其紧密缠绕在单股导线的芯线上 5～8 圈，最后将单股芯线线头折回并压紧在缠绕部位即可。

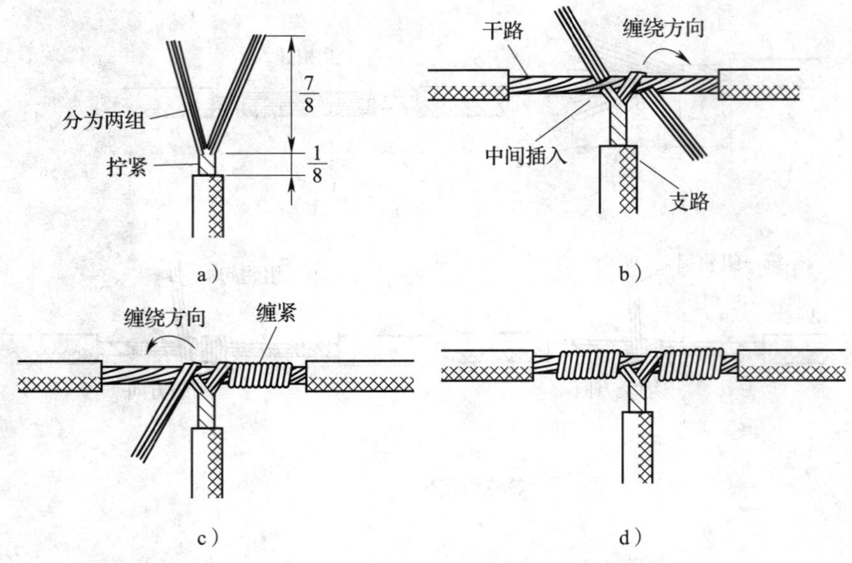

图 2—2—24　多股铜导线的分支连接

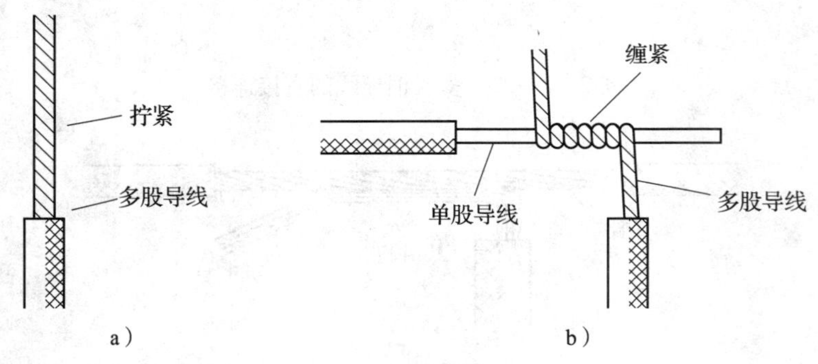

图 2—2—25　单股铜导线与多股铜导线的连接

⑥同一方向导线的连接

当需要连接的导线来自同一方向时，可以采用图 2—2—26 所示的方法。对于单股导线，可将一根导线的芯线紧密缠绕在其他导线的芯线上，再将其他芯线的线头折回压紧即可（图 2—2—26a、b）。对于多股导线，可将两根导线的芯线互相交叉，然后绞合拧紧即可（图 2—2—26c、d）。对于单股导线与多股导线的连接，可将多股导线的芯线紧密缠绕在单股导线的芯线上，再将单股芯线的线头折回压紧即可（图 2—2—26e、f）。

⑦双芯或多芯电线电缆的连接

双芯护套线、三芯护套线或电缆、多芯电缆在连接时，应注意尽可能将各芯线的连接点互相错开位置，可以更好地防止线间漏电或短路。图 2—2—27a 所示为双芯护套线的连接情况，图 2—2—27b 所示为三芯护套线的连接情况，图 2—2—27c 所示为四芯电力电缆的连接情况。

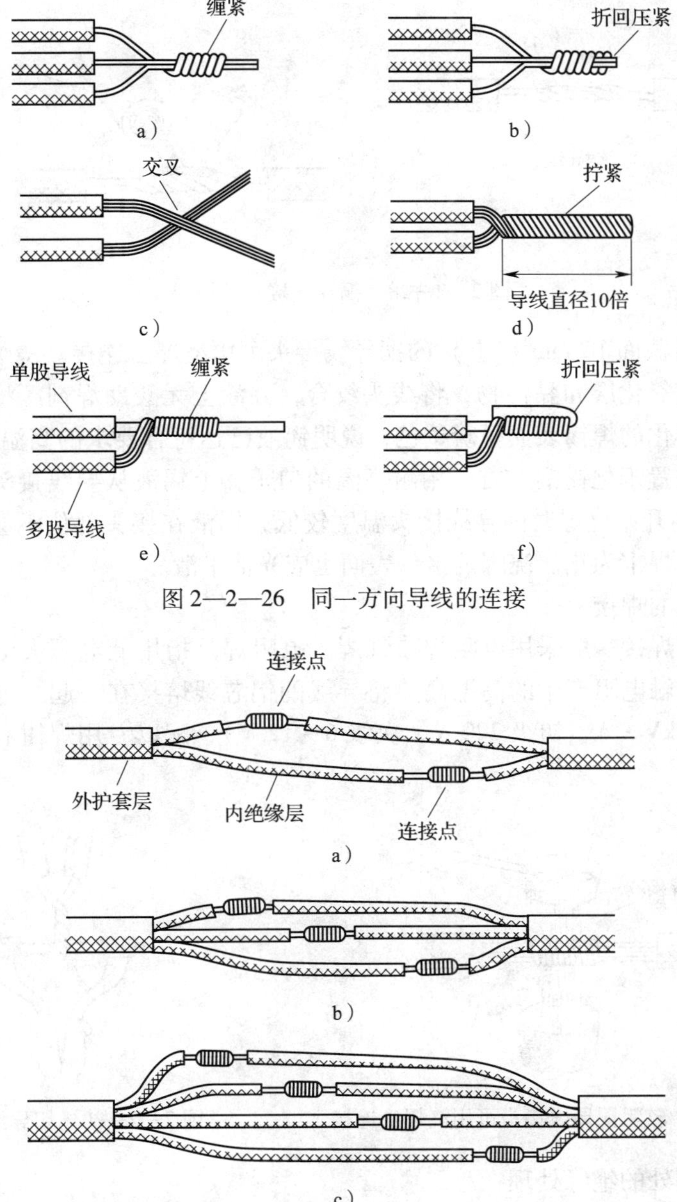

图 2—2—26　同一方向导线的连接

图 2—2—27　双芯或多芯电线电缆的连接

2）焊接。焊接是指将金属（焊锡等焊料或导线本身）熔合而使导线连接。电工技术中连接导线的焊接种类有锡焊、电阻焊、电弧焊、气焊、钎焊等。

①铜导线接头的锡焊

较细的铜导线接头可用大功率（例如 150 W）电烙铁进行焊接。焊接前应先清除铜芯线接头部位的氧化层和黏污物。为增加连接可靠性和机械强度，可将待连接的两根芯线先行绞合，再涂上无酸助焊剂，用电烙铁蘸焊锡进行焊接即可，如图 2—2—28 所示。焊接中应使焊锡充分熔融、渗入导线接头缝隙中，焊接完成的接点应牢固光滑。

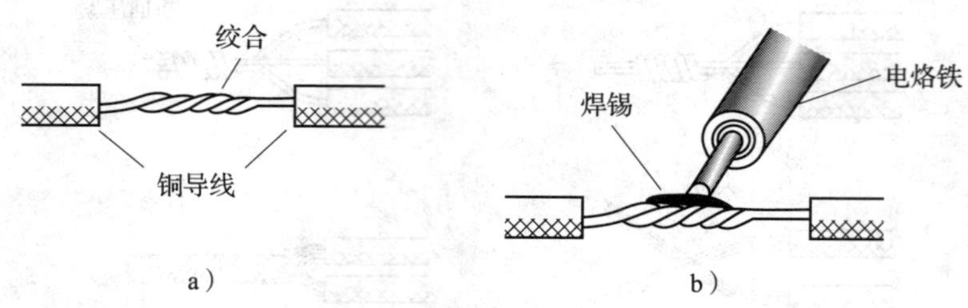

图 2—2—28　铜导线接头的锡焊

较粗（一般指截面 16 mm^2以上）的铜导线接头可用浇焊法连接。浇焊前同样应先清除铜芯线接头部位的氧化层和黏污物，将线头绞合，并涂上无酸助焊剂。将焊锡放在化锡锅内加热熔化，当熔化的焊锡表面呈磷黄色，说明锡液已达符合要求的高温，即可进行浇焊。浇焊时将导线接头置于化锡锅上方，用耐高温的勺子盛上锡液从导线接头上面浇下，如图 2—2—29 所示。刚开始浇焊时因导线接头温度较低，锡液在接头部位不会很好渗入，应反复浇焊，直至完全焊牢为止。浇焊的接头表面也应光洁平滑。

②铝导线接头的焊接

铝导线接头的焊接一般采用电阻焊或气焊。电阻焊是指用低电压大电流通过铝导线的连接处，利用其接触电阻产生的高温高热将导线的铝芯线熔接在一起。电阻焊应使用特殊的降压变压器（1 kV · A、初级 220 V、次级 6 ~ 12 V），配以专用焊钳和碳棒电极，如图 2—2—30 所示。

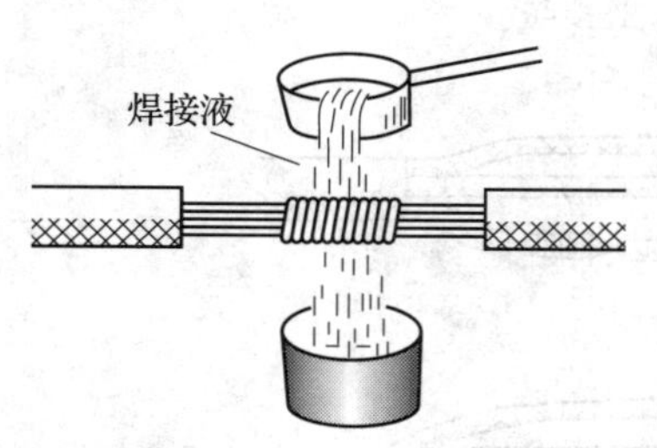

图 2—2—29　较粗铜导线接头可用浇焊法连接

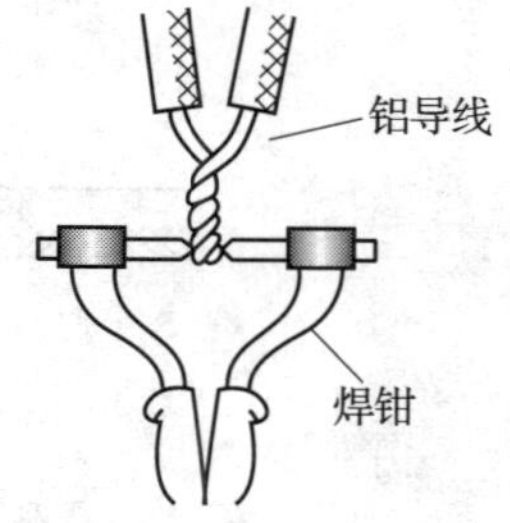

图 2—2—30　铝导线接头的焊接

(3) 导线连接处的绝缘处理

为了进行连接，导线连接处的绝缘层已被去除。导线连接完成后，必须对所有绝缘层已被去除的部位进行绝缘处理，以恢复导线的绝缘性能，恢复后的绝缘强度应不低于导线原有的绝缘强度。

导线连接处的绝缘处理通常采用绝缘胶带进行缠裹包扎。一般电工常用的绝缘带有黄蜡带、涤纶薄膜带、黑胶布带、塑料胶带、橡胶胶带等。绝缘胶带的宽度常用 20 mm 的，使用较为方便。

1）一般导线接头的绝缘处理。一字形连接的导线接头可按图 2—2—31 所示进行绝缘处理。先包缠一层黄蜡带，再包缠一层黑胶布带。将黄蜡带从接头左边绝缘完好的绝缘层上开始包缠，包缠两圈后进入剥除了绝缘层的芯线部分（图 2—2—31a)。包缠时黄蜡带应与导线成55°左右倾斜角，每圈压叠带宽的1/2（图2—2—31b），直至包缠到接头右边完好绝缘层的两倍胶带宽度处。然后将黑胶布带接在黄蜡带的尾端，按另一斜叠方向从右向左包缠（图2—2—31c、d），每圈仍压叠带宽的1/2，直至将黄蜡带完全包缠住。包缠处理中应用力拉紧胶带，注意不可稀疏，更不能露出芯线，以确保绝缘质量和用电安全。对于220 V线路，也可不用黄蜡带，只用黑胶布带或塑料胶带包缠两层。在潮湿场所应使用聚氯乙烯绝缘胶带或涤纶绝缘胶带。

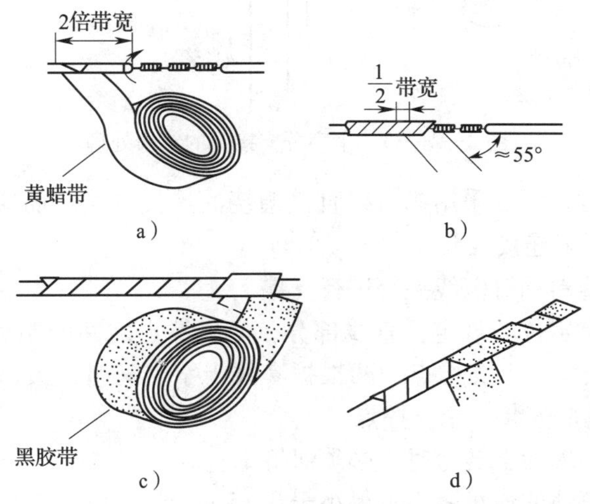

图2—2—31　一字形连接的导线接头绝缘处理

2）T字分支接头的绝缘处理。导线分支接头的绝缘处理基本方法同上，T字分支接头的胶带包缠方向如图2—2—32所示，走一个T字形的来回，使每根导线上都包缠两层绝缘胶带，每根导线都应包缠到完好绝缘层的两倍胶带宽度处。

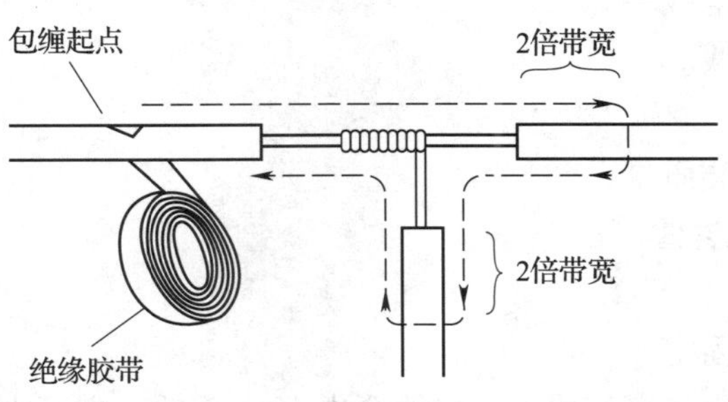

图2—2—32　T字分支接头的绝缘处理

3）十字分支接头的绝缘处理。对导线的十字分支接头进行绝缘处理时，胶带包缠方向如图2—2—33所示，走一个十字形的来回，使每根导线上都包缠两层绝缘胶带，每根导线也都应包缠到完好绝缘层的两倍胶带宽度处。

2. 安装护套线线路的技术要求

（1）关于护套线芯线最小截面积的规定：室内使用时，铜芯导线截面积不得小于1 mm^2，铝芯导线不得小于1.5 mm^2。

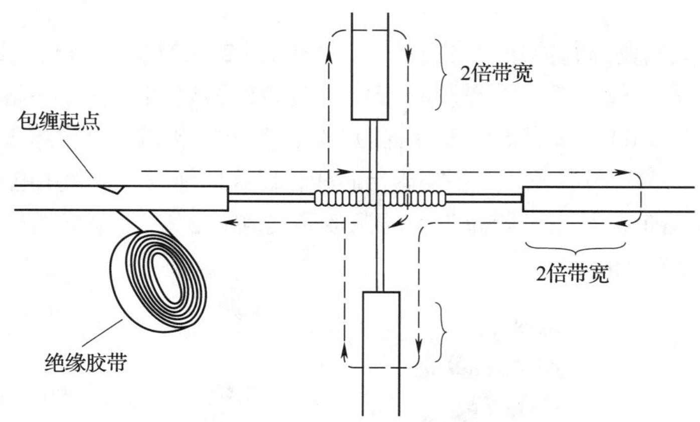

图 2—2—33　十字分支接头的绝缘处理

（2）护套线敷设时，不可采用线与线直接缠绕的连接方法，而应采用接线盒或借用其他电气装置的接线端子来连接线头。

（3）护套线可用塑料钢钉电线夹等进行支撑。

（4）护套线支撑点定位的规定：直线部分，两支撑点之间的距离一般为 0. 2 m；转角部分，转角前后应各安装一个支撑点；两根护套线十字交叉时，叉口处的四方应各安装一个支撑点；进入接线盒应安装一个支撑点。

（5）护套线在同一墙面上转弯时，必须保持垂直。

（6）护套线线路离地的最小距离不得小于 0. 15 m。

3. 护套线线路配线工序

（1）准备施工所需工具和材料。

（2）标划线路走向和电器位置。

（3）安装支撑部件。

（4）安装塑料钢钉电线夹。

（5）敷设导线及紧线。

（6）安装电气元件。

（7）检验电路的安装质量。

4. 护套线线路施工方法

（1）放线。

（2）敷线、紧线及固定。

（3）护套线护套层应在完整地进入接线盒内 10 mm 后，方可剥去护套层。

5. 室内电气照明的塑料护套线明配线工艺标准

（1）材料要求

1）塑料护套线：导线的规格、型号必须符合设计要求。

2）接线端子：选用时应根据导线的根数和总截面，选择相应规格的接线端子。

（2）质量标准

1）护套线敷设平直、整齐，固定可靠，穿过梁、墙、楼板和跨越线路等处有保护管。跨越建筑物变形缝的导线两端固定牢固，且应留有补偿余量。

2）导线明敷部分紧贴建筑物表面，多根平行敷设时间距一致，分支和弯头处整齐。

3）导线连接牢固，包扎严密，绝缘良好，不伤线芯，接头设在接线盒或电气器具内；板孔内无接头；接线盒位置正确，盒盖齐全、平整，导线进入接线盒时，电气器具内留有适当余量。

6. 灯具安装布局图（图 2—2—34）

需要了解的具体情况及安装注意事项：

（1）书房的面积、形状、高度。

（2）电源的引入位置。

（3）开关的安装位置、安装方式、安装高度。

（4）灯座的安装位置、灯的高度。

（5）灯座、开关、电源的位置关系及距离。

（6）计算出所用导线的数量。

（7）根据现场的状况和安装的难易程度，确定施工的时间。

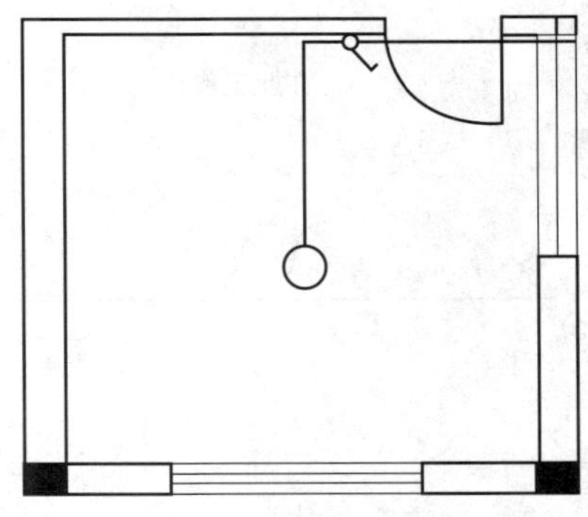

图 2—2—34　灯具安装布局图

小贴士

常用电气安全标示牌的认识

表 2—2—1　　常用电气安全标示牌

名称	样式	尺寸
禁止合闸， 线路有人工作！	线路有人工作	200 mm × 160 mm 80 mm × 65 mm
禁止合闸，有人工作！	禁止合闸　有人工作	200 mm × 160 mm

续表

名称	样式	尺寸
在此工作！	在此工作	250 mm×250 mm
从此上下！	从此上下	250 mm×250 mm
从此进出！	从此进出	250 mm×250 mm
止步，高压危险！	止步 高压危险	200 mm×160 mm
禁止操作，有人工作！	禁止操作 有人工作	200 mm×160 mm

续表

名称	样式	尺寸
禁止攀登，高压危险！	禁止攀登 高压危险	200 mm × 160 mm 500 mm × 400 mm

7. 故障检修

各组将遇到的故障现象与处理方法填入表2—2—2。

表2—2—2　　故障现象与处理方法

故障现象	造成原因	处理方法

8. 工程验收项目检查

（1）开关安装正确，动作正常。

（2）电气元件、设备的安装固定应牢固、平正。

（3）电器通电试验，灯具试亮，且灯具控制性能良好。

（4）开关、插座、终端盒等元件外观良好，绝缘元件无裂纹，安装牢固、平正，安装方法得当。

四、评价

评价考核分四个等级：A（90～100分）、B（75～89分）、C（60～74分）、D（0～59分）。

评　价　表

项目名称	评价内容	配分	评价分数		
			自评	互评	师评
职业素养考核项目（40%）	劳动保护用品穿戴整齐	6分			
	安全意识、责任意识、服从意识	6分			
	积极参加教学活动、按时完成任务	10分			
	团队合作、与人交流能力	6分			
	劳动纪律	6分			
	生产现场管理6S标准	6分			
专业能力考核项目（60%）	专业知识查找及时、准确	12分			
	操作符合规范	18分			
	操作熟练、工作效率	12分			
	成品的验收质量	18分			
总分					
总评	自评（20%）+互评（20%）+师评（60%）	综合等级	教师（签名）：		

学习任务三　楼梯双控灯的安装与检修

学习目标

1. 能正确描述单刀双掷开关的结构、特点和用途。
2. 能识读双控灯电路的原理图和施工图。
3. 能在教师指导下，正确使用仪表对单刀双掷开关进行检测。
4. 能按照工艺要求完成楼梯双控灯的安装。
5. 能按照双控的要求进行自检。

建议学时

40 学时

任务描述

在电气控制线路中经常遇到在两个地方控制同一盏灯通断的需求，电气技术工作者在日常的工作实践中，经常遇到双控灯的安装工作，因此，掌握双控灯的相关知识和应用技能是电气技术人员必不可缺的专业技能。例如，学校教学楼需改装楼梯双控灯，控制方式为两个单刀双掷开关（双联开关）控制一个灯，采用槽板明敷设方式，要求电工进行安装，并按照国家电工安装工艺标准进行施工。

工作流程与活动

学习活动 1　楼梯双控灯电路的认识

学习活动 2　楼梯双控灯电路的安装及故障排除

学习活动 1　楼梯双控灯电路的认识

学习目标

1. 能正确描述单刀双掷开关的结构、特点及用途。
2. 能在教师指导下，正确使用仪表对单刀双掷开关进行检测。
3. 能正确设计出楼梯双控灯线路。

知识准备

一、单刀双掷开关（双联开关）的结构

“刀”和“掷”的概念一般用在闸刀上。刀就是活动的触头，而“掷”则表示对这一刀片有几个与之相对应的静触头，也就是说一个刀片可以和几个静触头分别接触。单刀双掷表示一个刀片可以分别与两个静触头闭合（书房一控一灯的安装中用到的开关是单刀单掷开关，就是只有一个刀片，它只能和一个静触头闭合）。双联开关有一个动触片和两个静触点，就是单刀双掷开关。单刀双掷开关的外形图及结构示意图如图3—1—1 所示。

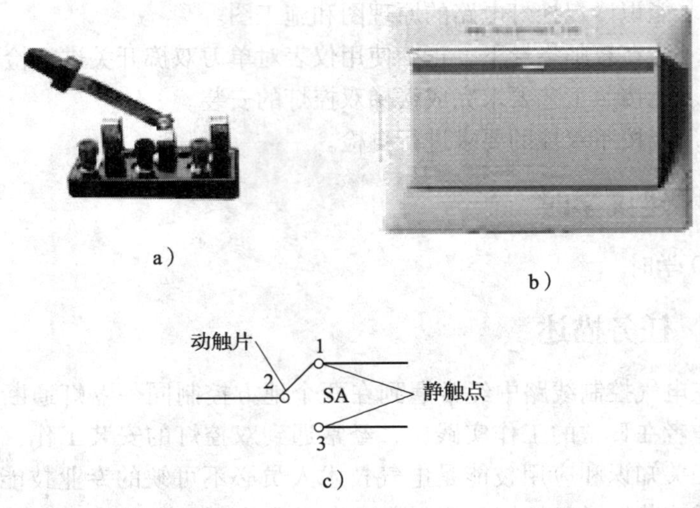

图3—1—1　单刀双掷开关的外形图及结构示意图

二、单刀双掷开关（双联开关）的检测

用万用表检测单刀双掷开关好坏的方法如下：

共三个接线桩，上面一个为动触点“刀”（公共触点），下面两个为“掷”（静触点），如图3—1—2 所示。先将万用表的挡位转到电阻 R ×1 挡，再进行欧姆调零。将其中一支表笔接在公共触点上，将另一支表笔分别与下面的两个静触点连接，按动开关，观察开关的通断情况。如果公共触点与两个静触点之间总是处于一通一断的状态，则开关正常；如果公共触点与两个静触点之间总是处于全通或全断的状态，则开关失灵。

三、双控一灯电路的设计

（1）控制要求：在楼上、楼下都能开、关同一盏灯。

（2）元件规格、型号符合要求。

原理分析：如图3—1—3 所示，开关 SA1、SA2 同时拨到位置 1 或者 3 时，电源接通电灯亮，开关 SA1 拨到位置 1，开关 SA2 拨到位置 3，灯泡电源断开，灯不亮。

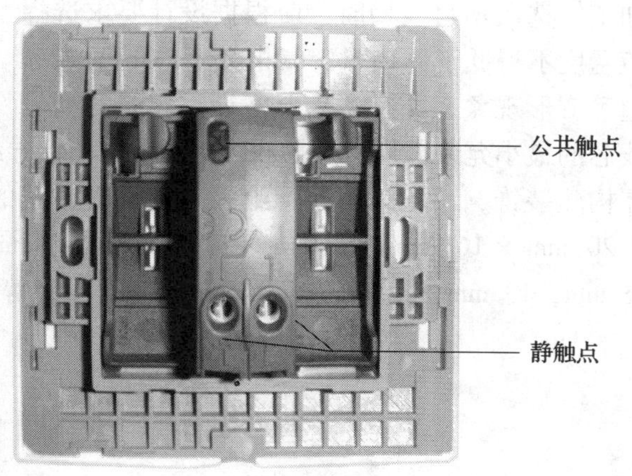

图 3—1—2　单刀双掷开关示意图

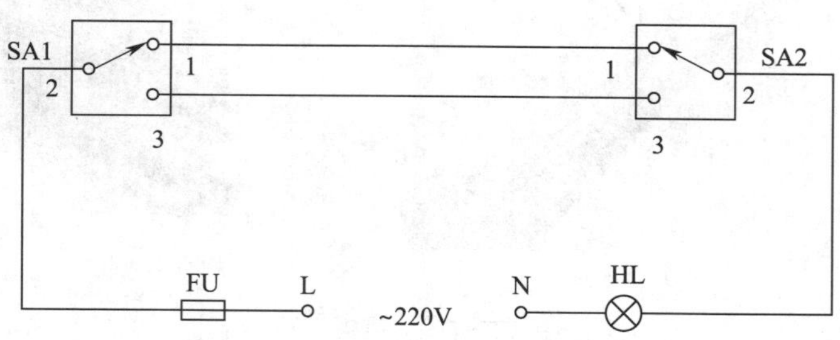

图 3—1—3　双控一灯电路原理图

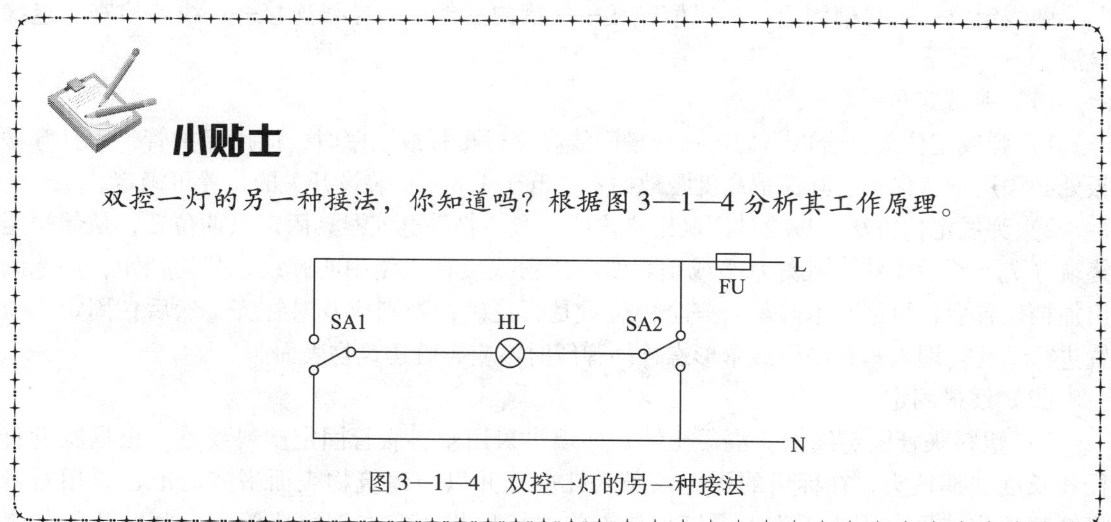

小贴士

双控一灯的另一种接法，你知道吗？根据图 3—1—4 分析其工作原理。

图 3—1—4　双控一灯的另一种接法

四、槽板布线

1. 槽板的类型及介绍

塑料线槽由槽底、槽盖及附件组成，它是由难燃型硬聚氯乙烯工程塑料挤压成型，严禁使用非难燃型材料加工。选用塑料线槽时，应根据设计要求选择型号、规格相应的定型产品。敷设场所的环境温度不得低于 -15℃，氧指数不应低于27%。线槽内外应光滑无棱刺，不应有扭曲、翘边等变形现象，并有产品合格证。导线的型号、规格必须符合设计要求。线槽内敷设导线线芯的最小允许截面：铜导线为1.5 mm^2，铝导线为2.5 mm^2。塑料线槽为白色，多用于房屋构建装饰，一般为明装，给人以便利、美观的感觉。常见产品规格有：10 mm × 15 mm，20 mm × 16 mm，32 mm × 12.5 mm，32 mm × 16 mm，40 mm × 12.5 mm，40 mm × 16 mm，40 mm × 20 mm，60 mm × 12.5 mm 等。常见槽板外形如图3—1—5所示。

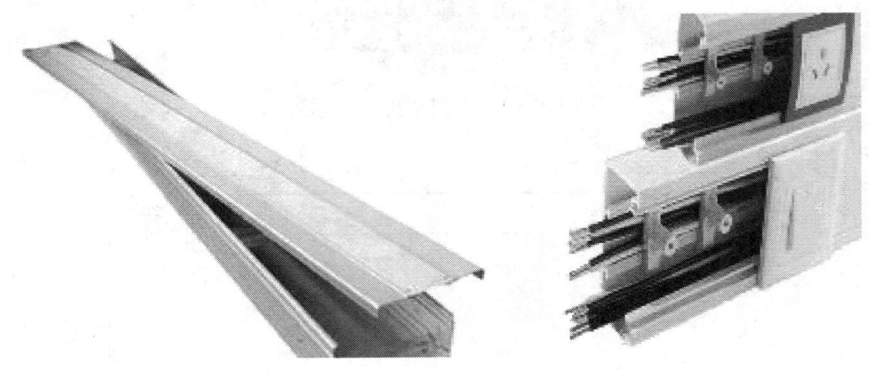

图3—1—5　槽板外形

2. 使用槽板布线的工艺流程

弹线定位——线槽固定——线槽连接——槽内放线——导线连接——线路检查、绝缘检测。

（1）弹线定位

1）弹线定位应符合以下规定：线槽配线在穿过楼板或墙壁时，应用保护管，而且穿楼板处必须用钢管保护，其保护高度距地面不应低于1.8 m；装设开关的位置可确定。

2）弹线定位方法。按设计图确定进户线、盒、箱等电气器具固定点的位置，从始端至终端（先干线后支线）找好水平或垂直线，用粉线袋在线路中心弹线，分均挡距，用笔画出加挡位置后，再细查木砖是否齐全，位置是否正确，否则应及时补齐。然后在固定点位置进行钻孔，埋入塑料胀管或伞形螺栓。弹线时不应弄脏建筑物表面。

（2）线槽固定

1）塑料胀管固定线槽。混凝土墙、砖墙可采用塑料胀管固定塑料线槽。根据胀管直径和长度选择钻头，在标出的固定点敲入孔中，并以与建筑物表面平齐为准，再用石膏将缝隙填实抹平。用半圆头木螺钉加垫圈将线槽底板固定在塑料胀管上，紧贴建筑物表面，应先固定两端，再固定中间，同时找正线槽底板，要横平竖直，并沿建筑物形状表面进行敷设。木螺钉规格尺寸见表3—1—1，线槽安装用塑料胀管固定如图3—1—6所示。

表 3—1—1　　木螺钉规格尺寸　　mm

标号	公称直径 d	螺杆直径 d	螺杆长度 i
7	4	3.81	12～70
8	4	4.7	12～70
9	4.5	4.52	16～85
10	5	4.88	18～100
12	5	5.59	18～100
14	6	6.30	25～100
16	6	7.01	25～100
18	8	7.72	40～100
20	8	8.43	40～100
24	10	9.86	70～120

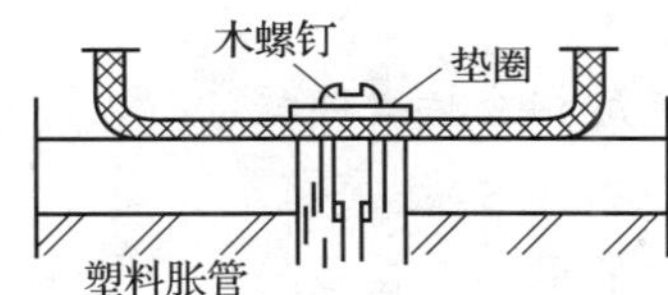

图 3—1—6　线槽安装用塑料胀管固定

2）伞形螺栓固定线槽。在石膏板墙或其他护板墙上，可用伞形螺栓固定塑料线槽。根据弹线定位的标记，找出固定点位置，把线槽的底板横平竖直地紧贴建筑物的表面，钻好孔后将伞形螺栓的两伞叶掐紧合拢插入孔中，待合拢伞叶自行张开后，再用螺母紧固即可，露出线槽外的部分应加套塑料管。固定线槽时，应先固定两端再固定中间。伞形螺栓安装做法如图 3—1—7 所示，伞形螺栓构造如图 3—1—8 所示。

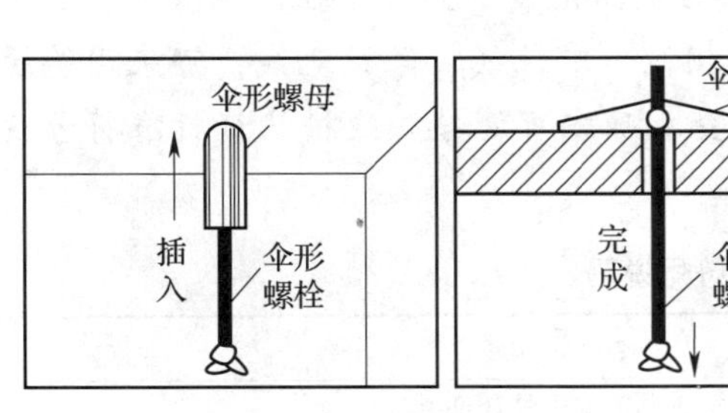

图 3—1—7　伞形螺栓安装做法

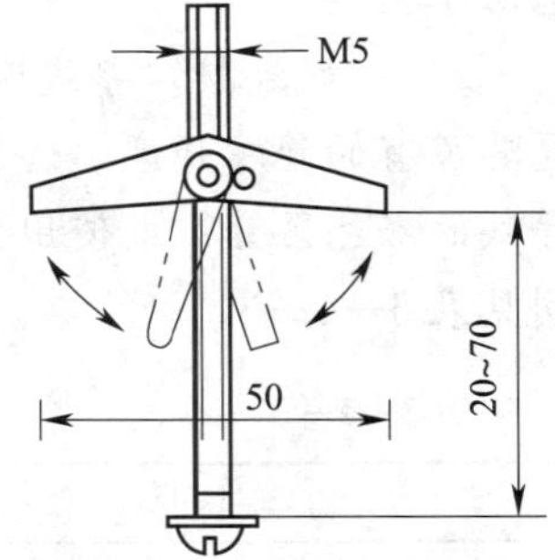

图 3—1—8　伞形螺栓构造

（3）线槽连接

线槽及附件连接处应严密平整，无孔或缝隙，紧贴建筑物固定点最大间距见表 3—1—2。

表 3—1—2　　槽体固定点最大间距尺寸　　mm

固定点形式	槽板宽度		
	20～40	60	80～120
	固定点最大间距		
中心单列	80	—	—
双列	—	1 000	—
双列	—	—	800

小贴士

线槽各种附件安装要求

（1）盒子均应两点固定，各种附件角、转角、三通等固定点不应少于两点（卡装式除外）。

（2）接线盒、灯头盒应采用相应插口连接。

（3）线槽的终端应采用终端头封堵。

（4）在线路分支接头处应采用相应接线箱。

（5）槽内放线的步骤：

1）清扫线槽。放线时，先用布清除槽内的污物，使线槽内外清洁。

2）放线。先将导线放开抻直，捋顺后盘成大圈，置于放线架上，从始端到终端（先干线后支线）边放边整理，导线应顺直，不得有挤压、背扣、扭线和受损等现象。绑扎导线时应采用尼龙绑扎带，不允许采用金属丝进行绑扎。在接线盒处的导线预留长度不应超过 150 mm。线槽内不允许出现接头，导线接头应放在接线盒内；从室外引进室内的导线在进入墙内一段用橡胶绝缘导线，同时穿墙保护管的外侧应有防水措施。

3）导线连接。导线连接应使连接处的接触电阻值最小，机械强度不降低，并恢复其原有的绝缘强度。连接时，应正确区分相线、中性线、保护地线，可采用绝缘导线的颜色区分，或使用仪表测试对号，检查正确方可连接。线槽认证标准符号说明见表 3—1—3。

表 3—1—3　　线槽认证标准符号说明

符号	说明
UL	美国电气认证
CSA	加拿大标准认证
CE	欧洲低电压设备认证
DVE	德国电气电子资讯检验认证
ROHS	国际环保认证

知识拓展

一、手锯使用的注意事项

手锯锯条多用碳素工具钢和合金工具钢制成，并经热处理淬硬。手锯在使用中，锯条折断是造成伤害的主要原因。

（1）应根据所加工材料的硬度和厚度正确地选用锯条；锯条安装的松紧要适度，应根据手感随时调整。

（2）被锯割的工件要夹紧，锯割中不能有位移和振动；锯割线离工件支撑点要近。

（3）锯割时要扶正锯弓，防止歪斜，起锯要平稳，起锯角不应过大，角度过大时，锯齿易被工件卡夹。

（4）锯割向前推锯时双手要适当地加力，向后退锯时，应将手锯略微抬起，不要施加压力。用力的大小应根据被割工件的硬度而确定，硬度大的可加力大些，硬度小的可加力小些。

（5）安装或调换新锯条时，必须注意保证锯条的齿尖方向要朝前；锯割中途调换新条后，应掉头锯割，不宜继续沿原锯口锯割。

二、安装槽板的质量标准

（1）槽板内电线无接头，电线连接设在器具处；槽板与各种器具连接时，电线应留有余量，器具底座应压住槽板端部。

（2）槽板敷设应紧贴建筑物表面，且横平竖直、固定可靠，严禁用木楔固定。木槽板应经阻燃处理，塑料槽板表面应有阻燃标识。

（3）木槽板无劈裂，塑料槽板无扭曲变形。槽板底板固定点间距应小于500 mm，槽板盖板固定点间距应小于300 mm，底板距终端50 mm和盖板距终端30 mm处应固定。

（4）槽板的底板接口与盖板接口应错开20 mm，盖板在直线段和90°转角处应成45°斜口对接，T形分支处应成三角叉接，盖板应无翘角，接口应严密整齐。

（5）槽板穿过梁、墙和楼板处应有保护套管，跨越建筑物变形缝处应设补偿装置，且与槽板结合严密。

学习活动2　楼梯双控灯电路的安装及故障排除

学习目标

1. 能正确识读双控灯的电气原理图和施工图。

2．能按照工艺要求完成楼梯双控灯的安装及故障排除。

知识准备

一、楼梯双控灯电路图（图 3—2—1）

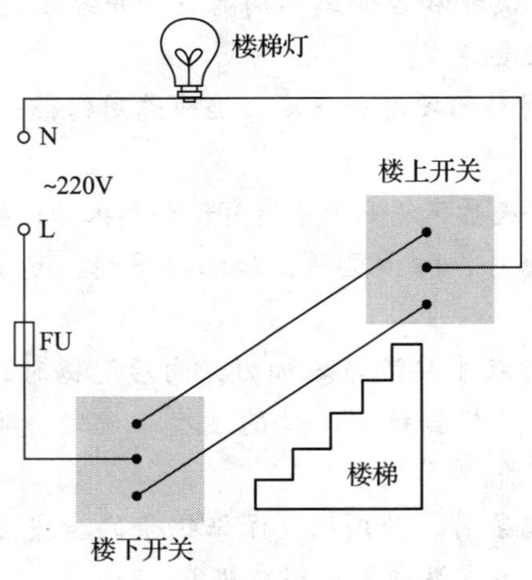

图 3—2—1 楼梯双控灯示意图

二、楼梯双控灯施工图

施工时工人所依据的图样，通常比设计图样要更详细，包括了图与说明。如图 3—2—2 所示为模拟楼梯双控灯的木板布线施工图，图中标注了走线的尺寸，所用电气元件的文字、图形符号及导线种类。

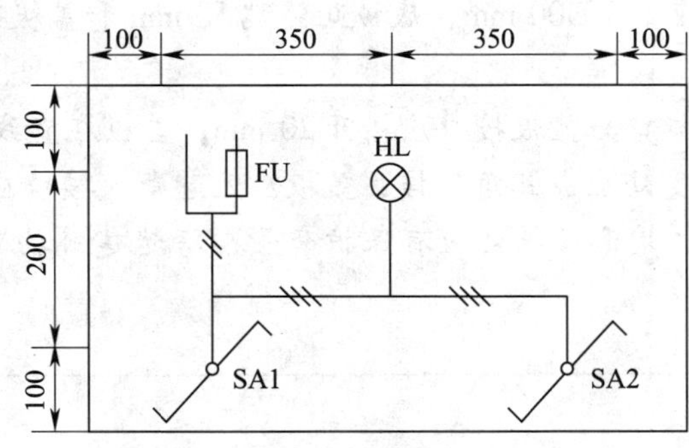

图 3—2—2 楼梯双控灯施工图

SA1、SA2：单刀双掷开关

导线：塑料护套线配线

尺寸单位：mm

施工图应用单线图来绘制。单线图就是用一根线段来表示多根导线，将电气元件用文字及图形符号来表示的示意图。从图中可以看出：

（1）导线：有一处需用到两根导线，两处需用到三根导线，用塑料护套线配线。

（2）开关：用“　　”来表示单刀双掷开关，需要两个。

（3）灯泡：一只。

（4）熔断器：一只。

三、常见电气施工图类型

电气施工图所涉及的内容往往根据建筑物不同的功能而有所不同，主要有建筑供配电、动力与照明、防雷与接地、建筑弱电等方面，用以表达不同的电气设计内容。

图样目录与设计说明：包括图样内容、数量、工程概况、设计依据以及图中未能表达清楚的各有关事项，如供电电源的来源、供电方式、电压等级、线路敷设方式、防雷接地、设备安装高度及安装方式、工程主要技术数据、施工注意事项等。

主要材料设备表：包括工程中所使用的各种设备和材料的名称、型号、规格、数量等，是编制购置设备、材料计划的重要依据之一。

（1）系统图（图3—2—3）

系统图包括变配电工程的供配电系统图、照明工程的照明系统图、电缆电视系统图等。系统图反映了系统的基本组成、主要电气设备、元件之间的连接情况以及它们的规格、型号、参数等。

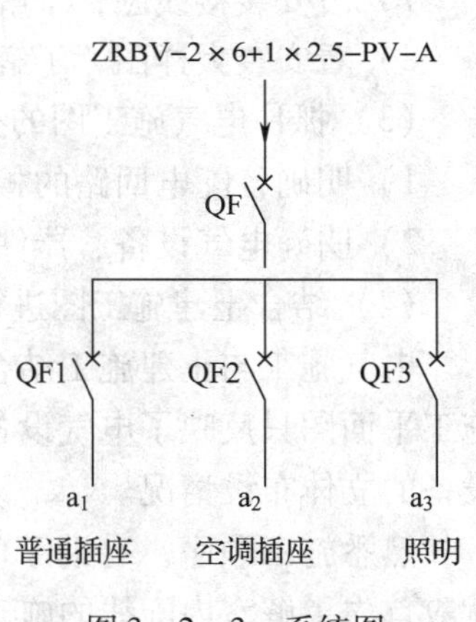

图3—2—3　系统图

（2）平面布置图

平面布置图是电气施工图中的重要图样之一，如变、配电所电气设备安装平面图、照明平面图、防雷接地平面图等，用来表示电气设备的编号、名称、型号、安装位置、线路起始点、敷设部位、敷设方式及所用导线的型号、规格、根数、管径大小等。通过阅读系统图，了解系统基本组成之后，就可以依据平面图编制工程预算和施工方案，然后组织施工。

（3）控制原理图

包括系统中各电气设备的电气控制原理，用以指导电气设备的安装和控制系统的调试运行工作。

（4）安装接线图

包括电气设备的布置与接线，应与控制原理图对照阅读，进行系统的配线和调校。

（5）安装大样图

安装大样图是详细表示电气设备安装方法的图样，对安装部件的各部位注有具体图形和详细尺寸，是进行安装施工和编制工程材料计划时的重要参考。

四、电气施工图的识读方法

（1）熟悉电气图例符号，弄清图例、符号所代表的内容。常用的电气工程图例及文字符号可参见国家颁布的《电气图形符号标准》。

（2）针对一套电气施工图，一般应先按以下顺序阅读，然后再对某部分内容进行重点识读。

1）看标题栏及图样目录，了解工程名称、项目内容、设计日期及图样内容、数量等。

2）看设计说明，了解工程概况、设计依据等，了解图样中未能表达清楚的各有关事项。

3）看设备材料表，了解工程中所使用的设备、材料的型号、规格和数量。

4）看系统图，了解系统基本组成、主要电气设备、元件之间的连接关系，以及它们的规格、型号、参数等，掌握该系统的组成概况。

5）看平面布置图，如照明平面图、防雷接地平面图等，了解电气设备的规格、型号、数量及线路的起始点、敷设部位、敷设方式和导线根数等。平面布置图的阅读可按照以下顺序进行：电源进线、总配电箱、干线、支线、分配电箱、电气设备。

6）看控制原理图，了解系统中电气设备的电气自动控制原理，以指导设备安装调试工作。

7）看安装接线图，了解电气设备的布置与接线。

8）看安装大样图，了解电气设备的具体安装方法、安装部件的具体尺寸等。

（3）抓住电气施工图的要点进行识读。

1）明确各配电回路的相序、路径、管线敷设部位、敷设方式以及导线的型号和根数。

2）明确电气设备、器件的平面安装位置。

（4）结合土建施工图进行阅读。

电气施工与土建施工结合得非常紧密，施工中常常涉及各工种之间的配合问题。电气施工平面图只反映了电气设备的平面布置情况，结合土建施工图进行阅读还可以了解电气设备的立体布设情况。

熟悉施工顺序，有助于阅读电气施工图。如识读配电系统图、照明与插座平面图时，就应首先了解室内配线的施工顺序：

1）根据电气施工图确定设备安装位置、导线敷设方式、敷设路径及导线穿墙或楼板的位置。

2）结合土建施工图进行各种预埋件、线管、接线盒、保护管的预埋。

3）装设绝缘支撑物、线夹等，敷设导线。

4）安装灯具、开关、插座及电气设备。

5）进行导线绝缘测试、检查及通电试验。

6）工程验收。

（5）识读时，施工图中各图样应协调配合阅读。

对于具体工程来说，为说明配电关系，需要有配电系统图；为说明电气设备、器件的具体安装位置，需要有平面布置图；为说明设备工作原理，需要有控制原理图；为表示元件连接关系，需要有安装接线图；为说明设备、材料的特性、参数，需要有设备材料表等。这些图样各自的用途不同，但相互之间是有联系并协调一致的。在识读时应根据需要，将各图样结合起来识读，以达到全面了解整个工程或分部项目的目的。

任务实施

一、实训目的

能正确按安装工艺安装双控灯，并进行故障排除。

二、主要实训器材的认识（表3—2—1）

表3—2—1　　主要实训器材

序号	实训器材名称	图例	作用	备注
1	单刀双掷开关	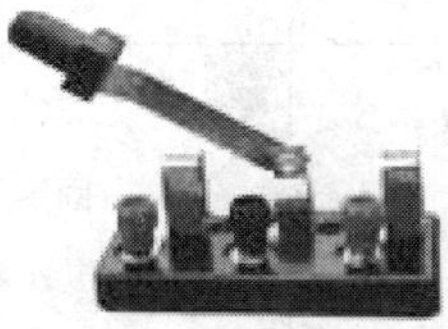	控制电源向两个不同的方向输出	
2	冲击钻或手钻		钻孔	
3	槽板		槽内布线	
4	梯子		登高工具	
5	膨胀螺栓		固定灯具	注意选择种类和型号

续表

序号	实训器材名称	图例	作用	备注
6	万用表		测量双控灯开关与安装线路	注意选择挡位和量程
7	锤子		固定灯	
8	旋具		固定灯	
9	验电笔		验电	又称电笔，测量通、断电很方便
10	绝缘胶布		绝缘	
11	剥线钳		剥线	

三、实训内容

1．导线敷设方式的选择

布线的敷设方式分为明敷及暗敷两种，两者以线路在敷设以后，能否为人们用肉眼直接观察到而区分。布线方式的确定主要取决于建筑物的环境特征。当几种布线方式都能满足环境特征要求时，则应根据建筑物的性质、要求及用电设备的分布等因素综合考虑，决定合理的布线及敷设方式。

（1）导线明敷设

导线直接（或者在管子、线槽等保护体内）敷设于墙壁、顶棚、地坪及楼板等内部，或者在混凝土板孔内敷线，称为明敷设。一些老式建筑物的明敷设是采用瓷夹板、瓷瓶配线等。明敷设一般看得见、摸得着，容易检修。

（2）导线暗敷设

敷设在墙内、地板内或建筑物顶棚内的布线称为暗敷。暗敷通常是先预埋管子，之后再向管内穿线。在不能进入的吊顶内穿管敷设属于隐蔽工程，但是计算施工定额时是按明敷设，因为材料使用及安装是明敷设做法。

2. 根据楼梯双控灯电路图和施工图进行线路安装

3. 故障检修

各组将遇到的故障现象与处理方法，填入表3—2—2。

表3—2—2　　故障现象与处理方法

故障现象	造成原因	处理方法

4. 按任务要求进行验收

知识拓展

一、手持电动工具的分类

国标《手持式电动工具的管理、使用、检查和维修安全技术规程》（GB/T 3387—2006）将手持式电动工具分为三类：

Ⅰ类工具：在防止触电的保护方面除了依靠基本绝缘外，还采用接零保护。

Ⅱ类工具：工具本身具有双重绝缘或加强绝缘，不采取保护接地等措施。

Ⅲ类工具：由安全特低电压电源供电，工具内部不产生比安全特低电压高的电压。

由于手持式电动工具在使用过程中需要经常移动，工作人员经常与之接触，而且多在紧握的情况下使用，所以危险性比较大，使用中应特别注意以下事项：

（1）一般场所选用Ⅱ类工具。如果使用Ⅰ类工具，必须采用漏电保护器和安全隔离变压器，否则使用者必须戴绝缘手套、穿绝缘靴或站在绝缘台（垫）上。

(2) 在潮湿场所或在金属构架上进行作业，应选用Ⅱ类或Ⅲ类工具。如果使用Ⅰ类工具，必须装设额定漏电动作电流不大于30 mA、动作时间不超过0.1 s的漏电保护器。

(3) 在狭窄场所（如锅炉、金属容器、金属管道内等）应选用Ⅲ类工具。如果使用Ⅱ类工具，必须装设额定漏电电流不大于15 mA、动作时间不超过0.1 s的漏电保护器。

(4) 特殊环境下，如湿热地点、室外（雨雪天），以及有危险性或腐蚀性气体的场所，使用的电动工具应符合相应防护等级的安全技术要求。

(5) Ⅰ类工具的电源线必须采用三芯（单相工具）或四芯（三相工具）多股铜芯橡皮护套线，其中黄绿双色线在任何情况下都只能用作保护接地或接零线。

(6) Ⅲ类工具的安全隔离变压器，Ⅱ类工具的漏电保护器，以及Ⅱ、Ⅲ类工具的控制箱和电源转接器等应放在外面，并设专人在外监护。

(7) 使用前应检查工具外壳、手柄有无断裂和破损，接零（地）是否正确，导线和插头是否完好，开关工作是否正常灵活，电气保护装置和机械防护装置是否完好，工具转动部分是否灵活。

(8) 使用电动工具时不允许用手提导线或工具的转动部分，使用过程中要防止导线受潮、受热、碰损或被绞住。

(9) 严禁将导线线芯直接插入插座或挂在开关上使用。

二、手持电动工具安全要求

(1) 手持电动工具应采用双重绝缘或加强绝缘结构的Ⅱ、Ⅲ类工具，电缆软线及插头等完好无损，开关动作正常，保护接零连接正确、牢固、可靠。

(2) 非金属壳体的电动机和电器，在存放和使用时不应受压、受潮，不得接触汽油等溶剂。

(3) 手持电动工具所用电源必须装有漏电保护器。

三、梯子的使用

登高电工作业用的梯子，分为靠梯和人字梯（图3—2—4）两种。使用中应注意：

(1) 为避免梯子翻倒，使用靠梯时梯脚与墙壁之间的距离不得小于梯长的1/4。

(2) 使用人字梯时，为避免滑落，其梯脚间距不得大于梯长的1/2，为限制其开脚度，两侧之间应加拉链或拉绳。

(3) 为了防滑，在光滑坚硬的地面上使用梯子进行登高作业时，应在梯脚上加橡胶套或胶垫；在泥土地面上使用梯子时，梯脚上应加铁尖。

(4) 一架梯子上不能同时站立两名工作人员；工作人员不得站在梯子上移动梯子。

(5) 严禁站在梯子的最高处或最上面一、二级横挡上工作；不得将梯子架在不稳固的支撑物（如箱、桶、平板车等）上进行登高作业。

(6) 当靠杆使用梯子时，应将梯子上端绑牢固定，或有专人扶梯子。

四、膨胀螺栓的使用

膨胀螺栓（图3—2—5）一般说的是金属膨胀螺栓。膨胀螺栓的固定是利用楔形斜度来促使膨胀产生摩擦握裹力，达到固定效果。螺栓一头是螺纹，一头有锥度。外面包一铁皮（有的是钢管），铁皮圆筒（钢管）一半有若干切口，把它们一起塞进墙上打好的洞里，然后锁螺母，螺母把螺钉往外拉，将锥度拉入铁皮圆筒，铁皮圆筒被胀开，于是紧紧固定在墙上。一般用于防护栏、雨篷、空调等在水泥、砖等材料上的紧固，但它的固定并不十分可靠，如果载荷有较大振动，可能发生松脱，因此不推荐用于安装吊扇等。

图3—2—4　人字梯

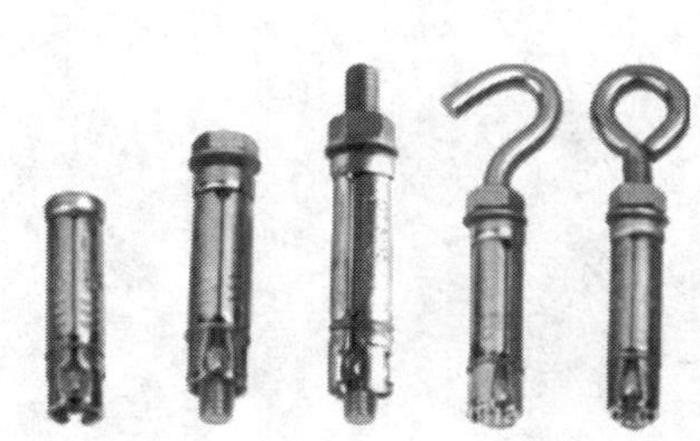

图3—2—5　膨胀螺栓

四、评价

评价考核分四个等级：A（90～100分）、B（75～89分）、C（60～74分）、D（0～59分）。

评　价　表

项目名称	评价内容	配分	评价分数		
			自评	互评	师评
职业素养考核项目（40%）	劳动保护用品穿戴整齐	6分			
	安全意识、责任意识、服从意识	6分			
	积极参加教学活动、按时完成任务	10分			
	团队合作、与人交流能力	6分			
	劳动纪律	6分			
	生产现场管理6S标准	6分			

续表

项目名称	评价内容	配分	评价分数		
			自评	互评	师评
专业能力考核项目（60%）	专业知识查找及时、准确	12分			
	操作符合规范	18分			
	操作熟练、工作效率	12分			
	成品的验收质量	18分			
总分					
总评	自评（20%）+互评（20%）+师评（60%）	综合等级	教师（签名）：		

学习任务四　办公室日光灯的安装与检修

学习目标

1. 能正确描述日光灯的结构、特点、用途及工作原理等基础知识。
2. 能识读日光灯电路原理图、施工图。
3. 能在教师指导下，正确使用仪表对日光灯的各部件进行检测。
4. 能按照工艺要求完成日光灯的安装。
5. 能通过日光灯故障检测训练，掌握日光灯常见故障检测的步骤、方法和工艺。

建议学时

50 学时

任务描述

日光灯（又称荧光灯）是一种常见的照明灯具。它利用电磁感应原理，将 220 V 的交流电压变成相当高的自感电动势，和电源电压串联后加在灯管两端，引起弧光放电，使日光灯发亮。日光灯发光效率高，光源接近自然光，得到了广泛使用。电气技术工作者在日常的工作实践中，经常遇到日光灯的安装与检修工作，因此，掌握日光灯的相关知识和应用技能是电气技术人员必不可缺的专业技能。

工作流程与活动

学习活动 1　日光灯的安装
学习活动 2　日光灯的检修及故障排除

学习活动 1　日光灯的安装

学习目标

1. 能说出日光灯的各部件，指出各部件的作用。
2. 能正确识别电感，并能描述电感的作用。

3. 能用电磁感应原理解析日光灯的工作原理。

4. 能正确描述日光灯光源的特点。

知识准备

一、日光灯的构造及组成

日光灯电路由灯管、镇流器、启辉器以及电容器（选装）等部件组成，如图 4—1—1 所示。各部件的结构和工作原理如下：

1. 灯管

日光灯管是一根玻璃管，内壁涂有一层荧光粉（钨酸镁、钨酸钙、硅酸锌等），不同的荧光粉可发出不同颜色的光。灯管内充有稀薄的惰性气体（如氖气）和水银蒸气，灯管两端有由钨制成的灯丝，灯丝上涂有受热后易于发射电子的氧化物。当有电流通过灯丝时，灯管内灯丝发射电子，管内温度升高，水银蒸发。这时，若在灯管的两端加上足够的电压，就会使管内氖气电离，从而使灯管由氖气放电过渡到水银蒸气放电。放电时发出不可见的紫外光，照射在管壁内的荧光粉上面，使灯管发出各种颜色的可见光。

2. 镇流器

镇流器是与日光灯管相串联的一个元件，实际上是绕在硅钢片铁芯上的电感线圈，其感抗值很大。镇流器的作用是：产生足够的自感电动势，使灯管容易放电起燃；限制灯管的电流。镇流器一般有两个出头，但有些镇流器为了保证在电压不足时仍容易起燃，就多绕了一个线圈，因此也有四个出头的镇流器。

3. 启辉器

启辉器是一个小型的辉光管，在小玻璃管内充有氖气，并装有两个电极。其中一个电极是用线膨胀系数不同的两种金属组成（通常称双金属片），冷态时两电极分离，受热时双金属片会因受热而变形弯曲，使两电极自动闭合，其外形与内部结构如图 4—1—2 所示。

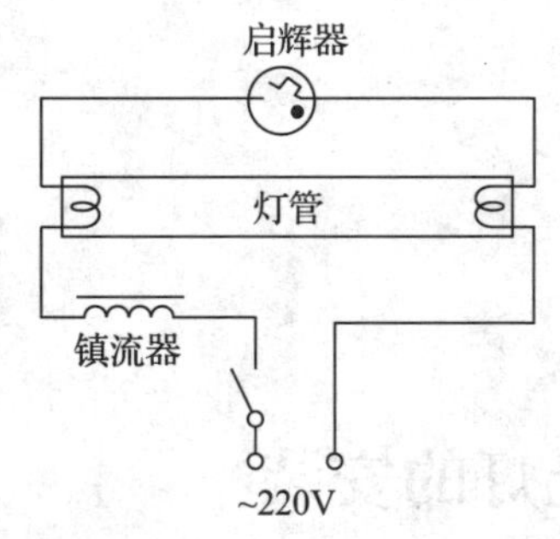

图 4—1—1　日光灯电路的组成

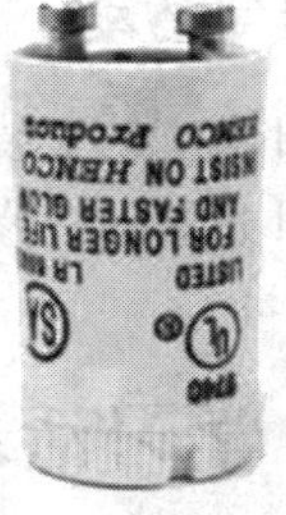

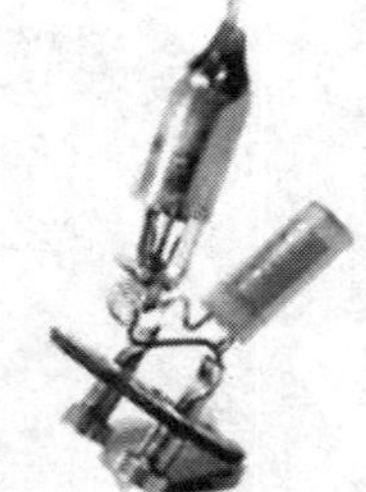

图 4—1—2　启辉器外形与内部结构

4. 电容器

日光灯电路由于镇流器的电感量大，功率因数很低，为 0.5 ~ 0.6。为了改善线路的功率因数，可在电源处并联一个适当大小的电容器。

小词典

电　感

电感（电感线圈）是用绝缘导线绕制而成的电磁感应元件，也是电子电路中常用的元器件之一。电感是用漆包线、纱包线或塑皮线等，在绝缘骨架、磁芯或铁芯上绕制成的一匝或多匝线圈。电感可以用字母“L”表示，图形符号为“——”。日光灯中的镇流器就是一个有铁芯的电感器。

一、常见电感器符号（图4—1—3）

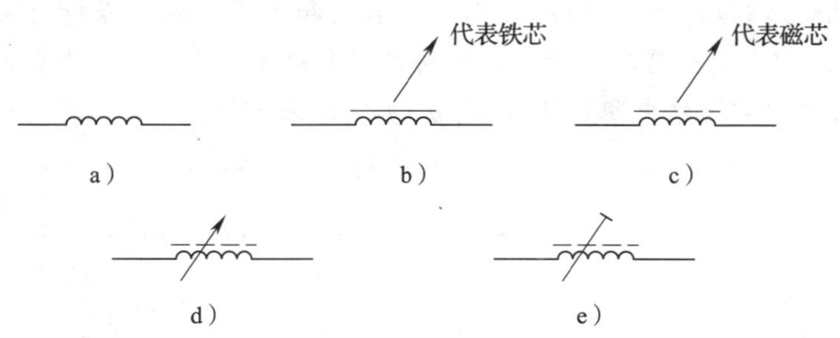

图4—1—3　电感器的符号

a）空芯电感　b）铁芯电感　c）磁芯电感　d）可调电感　e）微调电感

二、电感器的外形（图4—1—4）

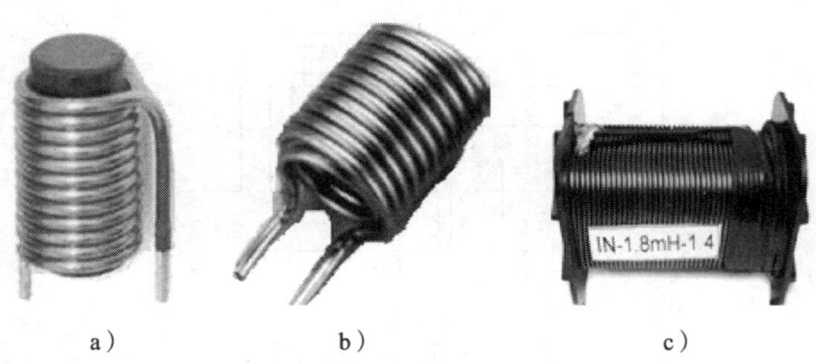

图4—1—4　电感器的外形图

a）磁芯电感　b）空芯电感　c）铁芯电感

三、电感量

电感的大小，用电感量表示，它是衡量电感线圈产生电磁感应能力的物理量。给一个线圈通入电流，线圈周围就会产生磁场，表示磁场强弱的量称为磁感应强度，用字母“B”表示，它的单位为特斯拉（T）。磁感应强度是一个矢量，它的方向即为磁场的方向。各点的磁感应强度大小相等、方向相同的磁场称为均匀磁场。在工程上常用磁通 Φ 来描述某一截面上的磁场的强弱，磁通的单位为韦伯（Wb）。通入线圈的电流越大，磁场就越强，通过线圈的磁通就越大。实验证明，通过线圈的磁通和通入线圈的电流是成正比的，它们的比值叫作电感系数，又称电感。

通常，通过线圈的磁通用 Φ 表示，电流用 I 表示，电感用 L 表示，那么 $L=\Phi/I$。电感的国际单位制单位是亨利（H），电感的其他单位有：毫亨（mH）、微亨（μH），它们之间的换算关系是：1 H = 1 000 mH，1 H = 1 000 000 μH。

四、电感器的作用

电感器的基本作用有滤波、振荡、延迟、陷波，形象地说即：通直流，阻交流；通低频，阻高频。电感对交流电有阻碍作用，这种阻碍作用用感抗 X_L 表示，其大小用数学公式 $X_L=2\pi fL$ 来计算，国际单位制单位是欧姆（Ω）。日光灯电路中的电抗镇流器在日光灯启辉后，就是利用其感抗来限流和降压，从而保持灯管两端的灯丝电压为 60～110 V。电感器对直流电的阻碍作用取决于它本身直流电阻的大小，该阻值的大小可由初中学过的电阻定律（$R=\rho \cdot L/S$）来计算。

小贴士

看看图 4—1—5，日光灯的镇流器有 4 个接线头的吗？它有什么特点？

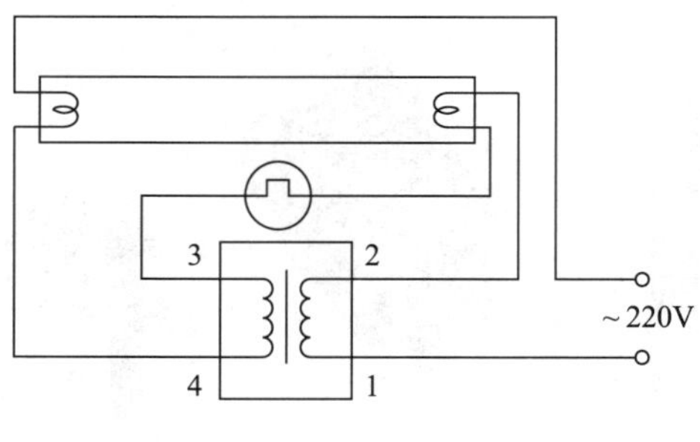

图 4—1—5　日光灯接线图

二、日光灯的工作过程

当接通电源时，电源电压通过镇流器、日光灯管灯丝加到启辉器的两个电极之间，启辉器内的氖气发生电离。电离的高温使启辉器“U”形电极受热变形，两电极接触，使电流从电源一端经镇流器→灯丝→启辉器→灯丝→电源的另一端，形成通路并加热灯丝。灯丝因有电流（称为启辉电流或预热电流）通过而发热，使氧化物发射电子。同时，启辉器两个电极接通时，电极间电压为零，启辉器中的电离现象立即停止，使“U”形金属片因温度下降而复原，两电极分离开。在离开的一瞬间，流过镇流器的电流发生突然变化（突降至零），镇流器铁芯线圈产生足够高的自感电动势作用于灯管两端。这个感应电压连同电源电压一起加在灯管的两端，使灯管内的惰性气体电离而产生弧光放电。随着管内温度的逐渐升高，水银蒸气游离，碰撞惰性气体分子放电，当水银蒸气弧光放电时，就会辐射出不可见的紫外线，紫外线激发灯管内壁的荧光粉后发出可见光。正常工作时，灯管两端的电压较低（40 W 灯管两端的电压约为 110 V，20 W 的灯管约为 60 V），此电压不足以使启辉器再次产生辉光放电。因此，启辉器仅在启辉过程中起作用，一旦启辉完成，便处于断开状态。

小词典

电磁感应

当电感中通过恒定直流电流时，其周围将产生不随时间而变化的恒定磁通；当在线圈中通过交流电流时，其周围将呈现出随时间而变化的交变磁通。由于磁通变化而在导体或线圈中产生感应电动势的现象称为电磁感应，由电磁感应而产生的电动势叫感应电动势。若线圈通过负载形成闭合回路，则在闭合回路中会形成感应电流。由于线圈本身电流变化而产生的电磁感应称为自感；两个相互靠近、具有电磁耦合关系的线圈，由于一个线圈中的电流变化，使穿过另一个线圈的磁通也发生变化，则在这个线圈中产生感应电动势的电磁感应称为互感。线圈中感应电动势的大小与线圈的匝数和线圈中的磁通变化率有关，可用下述数学表达式来计算：

$$|e| = \left|N\frac{\Delta\phi}{\Delta t}\right|$$

式中　e———在 Δt 时间内产生的感应电动势，V；

N———线圈的匝数；

$\Delta\phi$———线圈中磁通的变化量，Wb；

Δt———磁通变化 $\Delta\phi$ 所需要的时间，s。

感应电动势或感应电流的方向可用楞次定律来判断，其内容是：当穿过线圈的磁通（原有磁通）变化时，感应电动势的方向总是企图使感应电流产生的磁通阻碍原有磁通的变化。也就是说，当线圈原有磁通增加时，感应电流就要产生与原有磁通方向相反的磁通去阻碍它的增加；当线圈中的磁通减少时，感应电流就要产生与原有磁通方向相同的磁通去阻碍它的减少。

电感镇流器型日光灯中的镇流器在启辉时，在启辉器触点断开的瞬间，镇流器会产生一个比较高的自感电动势，与电源电压叠加形成高压，加到灯管两端使内壁的荧光粉发出可见光，灯管点燃。

知识拓展

一、电子镇流器

1. 电子镇流器及电路图（图 4—1—6）

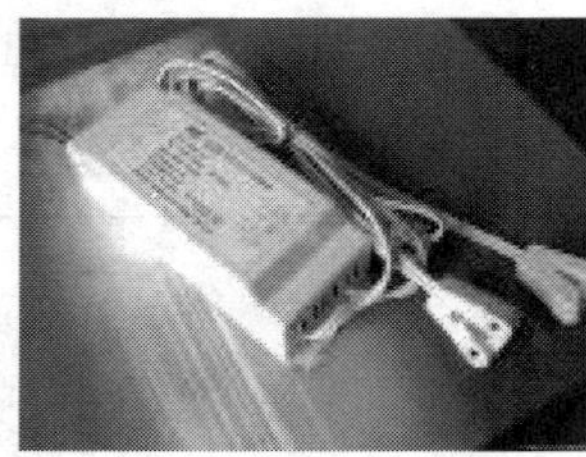

a）

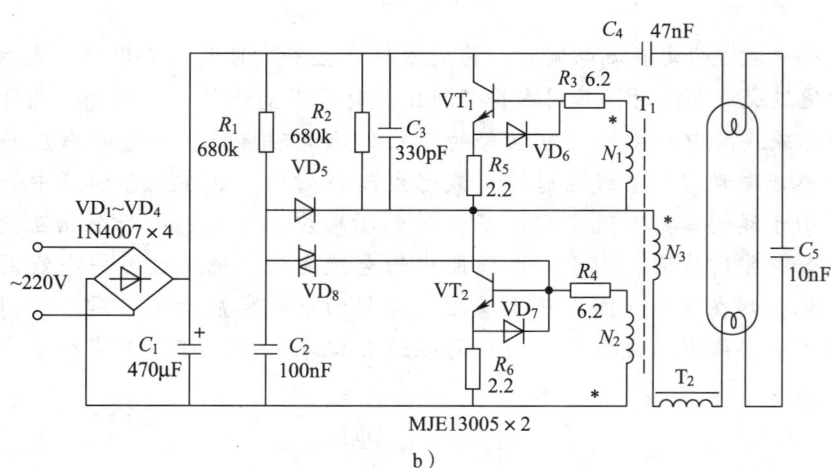

b）

图 4—1—6　电子镇流器及电路图

a）镇流器　b）镇流器电路图

2. 电子镇流器的工作原理

电子镇流器实质上是一个将低频交流电压转换为高频交流电压的电源变换器。其基本原理是：50 Hz/60 Hz 的交流电压经过射频干扰（RFI）滤波器、全波整流器和无源（或有源）功率因数校正器（PPFC 或 APFC）后，变为直流电压，通过 DC/AC 变换器，输出 20 ~ 50 kHz 的准高频交流电压，加到与灯管连接的 LC 串联谐振电路上，高频谐振电感 L 与灯丝串联，谐振电容与灯管并联，产生很强的谐振电流，加热灯丝，同时在电容器上产生谐振高压，加到灯管两端，迫使灯管“放电”，变成“导通”状态，再进入发光工作状态，此时，高频电感起着限制电流的作用，以保证灯管获得正常工作所需的灯丝电压和灯丝电流。为了提高可靠性，常增设各种保护电路，如异常保护、浪涌电压和电流保护、温度保护，对于预热启辉的荧光灯，还需设置灯丝预热电路等。

RFI滤波器是用来防止电子镇流器产生的高次谐波污染电网，提高电磁兼容性。功率因数校正器是用来抑制输入电流的波形畸变，提高线路功率因数。

二、常用的日光灯规格

常用的日光灯规格有T8、T5、T4灯管，企业用的三支灯管一组的通常是T5的灯管，很早以前常用的日光灯规格还有T10、T12。

"T"，代表"Tube"，表示管状的，T后面的数字表示灯管直径。T8就是有8个"T"，一个"T"为1/8英寸，一英寸等于25.4 mm，那么每一个"T"就是25.4÷8=3.175 mm。

T12灯管的直径为（12/8）×25.4=38.1 mm。

T10灯管的直径为（10/8）×25.4=31.8 mm。

T8灯管的直径为（8/8）×25.4=25.4 mm（T8刚好是直径一英寸的灯管）；统一宽度39 mm，高度52 mm；常用长度与功率：20 W长620 mm，30 W长926 mm，40 W长1 230 mm。

T5灯管的直径为（5/8）×25.4=16 mm；统一宽度23.5 mm，高度39 mm；常用长度与功率：8 W长310 mm，14 W长570 mm，21 W长870.5 mm，28 W长1 170.5 mm，35 W长1 475 mm。

T4灯管的直径为（4/8）×25.4=12.7 mm；统一宽度21 mm，高度32 mm；常用长度与功率：8 W长341 mm，12 W长443 mm，16 W长487 mm，20 W长534 mm，22 W长734 mm，24 W长874 mm，26 W长1 025 mm，28 W长1 172 mm。

T3.5灯管的直径为（3.5/8）×25.4=11.1 mm。

T2灯管的直径为（2/8）×25.4=6.4 mm。

LED日光灯管是依照普通日光灯规格制造的，其规格大致相同，可以在不更换支架的前提下方便地将LED日光灯替换普通日光灯以达到环保节能的目的，有利于节省更换的成本。

三、常用光源的优缺点及适用场所（表4—1—1）

表4—1—1　　常用光源的优缺点及适用场所

光源名称	优点	缺点	适用场所
白炽灯	结构简单、使用方便、价格便宜	效率低、使用寿命较短	适用于照度要求较低，开关次数频繁的室内外照明
碘钨灯	效率高于白炽灯、光色好、使用寿命较长	灯座温度高、安装要求高、偏角不得大于4°、价钱贵	适用于照度要求较高，悬挂高度较高的室内外照明
荧光灯	效率高、使用寿命长、发光表面的温度低	功率因数低，需镇流器、启辉器等附件；现有新品种无上述缺点，但使用寿命较短	适用于照度要求较高，需辨别色彩的室内照明

续表

光源名称	优点	缺点	适用场所
高压水银灯（镇流器式）	使用寿命长、耐振动	功率因数低、需要镇流器、启动时间长	适用于悬挂高度较高、面积大的室内外照明
高压水银灯（自镇流式）	效率高、功率因数高、安装简单、光色好	使用寿命短、价钱贵	适用于悬挂高度较高的大面积室内外照明
氙灯	功率大、光色好、亮度大	价钱贵、需要镇流器和触发器	适用于广场、建筑工地、体育场馆等的照明

任务实施

一、实训目的

1. 能认识日光灯的各器件，并正确地对各器件进行检测。
2. 能正确组装日光灯各部件。
3. 通过日光灯的安装掌握照明线路安装工艺及技巧。

二、主要实训器材的认识（表4—1—2）

表4—1—2　　主要实训器材

序号	实训器材名称	图例	作用	备注
1	启辉器		启动日光灯	只是启动时起作用
2	日光灯灯管		辉光放电	注意灯管易碎

续表

序号	实训器材名称	图例	作用	备注
3	镇流器		利用电磁感应原理来工作，启辉时产生足够高的自感电动势，点亮灯管，启辉后利用电抗限流降压	接线时，要求火线经开关后接入镇流器
4	日光灯架		固定灯管、镇流器、启辉器；聚光	安装时要紧固好，且要与墙角线平行或垂直
5	绝缘胶布		绝缘	
6	剥线钳		剥线	

三、实训内容

1. 电路图及施工图的识读

（1）图 4—1—7 是日光灯的四种接法，想想看，哪一电路正确？

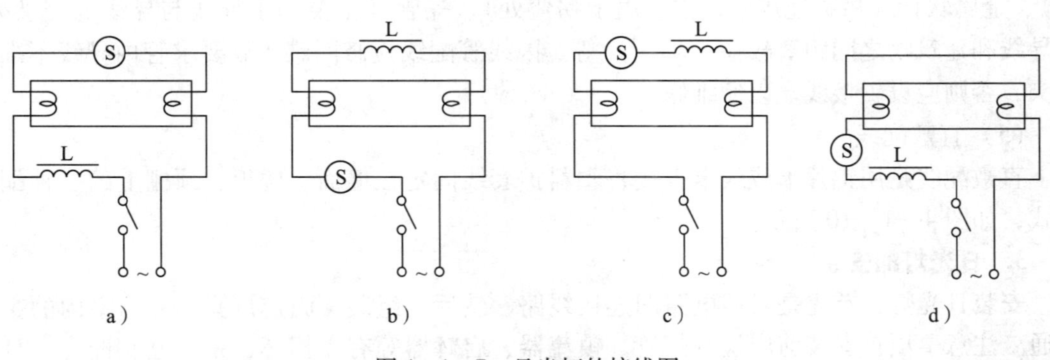

图 4—1—7　日光灯的接线图

（2）在办公室的平面图（图 4—1—8）中，标出你认为适合安装日光灯及其开关的位置。

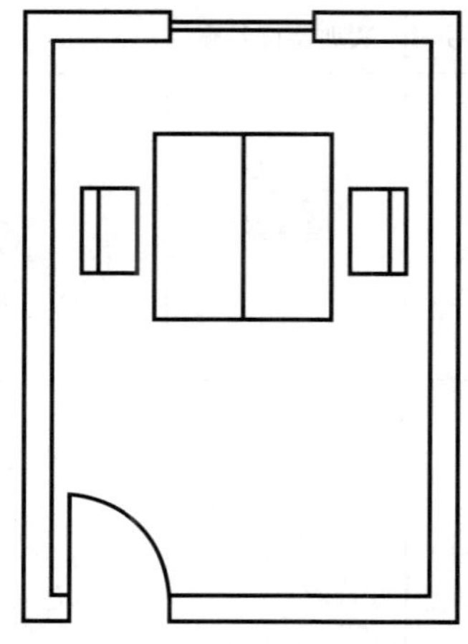

图 4—1—8　某办公室平面图

2. 室内配线方式的选用

（1）夹板配线

夹板配线是用瓷夹板或塑料夹板来支撑和固定导线的一种配线方式，一般只适用于干燥场所。

（2）瓷瓶配线

瓷瓶（绝缘子）配线是用瓷瓶或瓷珠来支撑和固定导线的一种配线方式，一般适用于导线截面较大且比较潮湿的场所，如图 4—1—9 所示。

（3）槽板配线

槽板配线是将导线敷设在线槽内，上面封盖的一种配线方式。常用的槽板有木槽板和塑料槽板，一般适用于比较干燥的场所，检修方便。

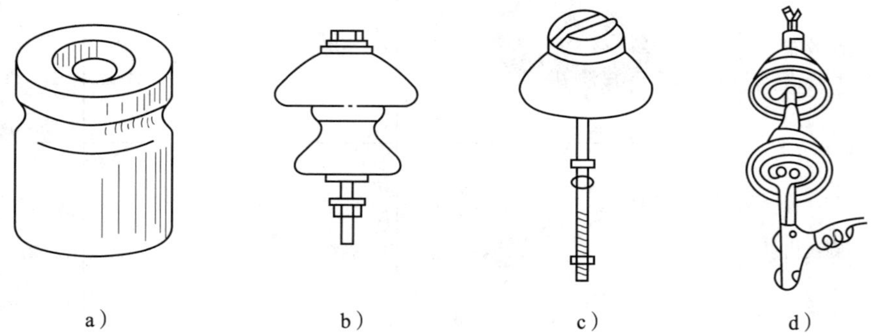

图 4—1—9　绝缘子的种类

a）鼓形绝缘子　b）蝶形绝缘子　c）针式绝缘子　d）悬式绝缘子

（4）线管配线

线管配线是将导线穿在线管内的一种配线方式，常用的线管有水煤气管（适用于潮湿和有腐蚀性气体的场所内明设或暗设）、塑料管（适用于潮湿、有化工腐蚀性或高频的场所）、金属软管（俗称蛇皮管，主要用于拐弯处）、瓷管（主要用于导线与导线的交叉处，或导线和建筑物之间距离较短的场所）等。因线管配线检修困难，故要求管内导线不准有接头，否则应设置接线盒以便维修。

（5）直敷配线

直敷配线是用铝片卡或线卡直接将塑料护套线固定在墙面、楼板、顶棚上的一种配线方式，如图 4—1—10 所示。

3. 日光灯的安装

安装日光灯，首先是对照电路图连接线路，然后是组装、固定灯具，并与室内的主线接通。注意事项：安装前应检查灯管、镇流器、启辉器等有无损坏，是否互相配套。具体安装步骤如下：

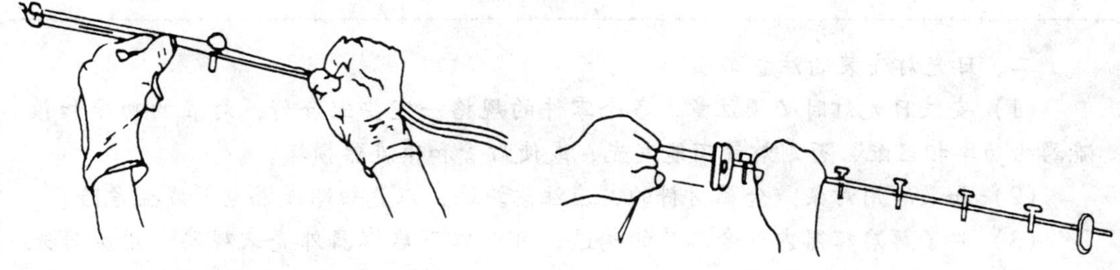

图 4—1—10　直敷配线

（1）准备灯架

根据日光灯灯管长度的要求，选择与之配套的灯架、镇流器等。

（2）组装灯架

将镇流器、启辉器座、灯脚等按电路图进行连线。接线完毕后，对照电路图详细检查，以免错接、漏接。

（3）固定灯架

固定灯架的方式有吸顶式和悬吊式两种。安装前先在设计的固定点打孔预埋合适的紧固件，然后将灯架固定在紧固件上。最后把启辉器旋入底座，把日光灯灯管装入灯座，开关、熔断器等按白炽灯的安装方法进行接线。检查无误后，即可进行通电试用。

小贴士

一、日光灯的安装方式

1．吸顶日光灯的安装

根据安装图确定好日光灯的位置，将日光灯架贴紧建筑物表面。日光灯的灯箱应完全遮盖住灯头盒，对着灯头盒的位置打好进线孔，将电源线插入灯箱，在进线孔处套上塑料管以保护导线。找好灯架螺孔的位置，在灯箱的底板上用电钻打好孔，用机螺钉拧牢固，在灯箱的另一端使用胀管螺栓加以固紧。如果日光灯是安装在吊顶上，应使用自攻螺钉将灯箱固定在龙骨上。灯箱固定好后，将电源线压入灯箱内的端子板（瓷接头）上。把灯具的反光板固定在灯箱上，并将灯箱调整顺直，最后把日光灯管装好。

2．吊链日光灯的安装

根据灯具的安装高度，将全部吊链编好，把吊链挂在灯箱挂钩上，并且在建筑物顶棚上安装好塑料（木）台。将导线依顺序编叉在吊链内，并引入灯箱，在灯箱的进线孔处套上软塑料管以保护导线，并压入灯箱内的端子板（瓷接头）。将灯具导线和灯头盒中的电源线连接，并用粘塑料带和黑胶布分层包扎紧密。理顺接头扣于法兰盘内，法兰盘（吊盒）的中心应与塑料（木）台的中心对正，用木螺钉将其拧牢固。将灯具的反光板用机螺钉固定在灯箱上，调整好灯脚，最后将灯管装好。

二、日光灯安装的注意事项

（1）安装日光灯时必须注意，各个零件的规格一定要配合好，灯管的功率和镇流器的功率相匹配，否则灯管不能发光，或使灯管和镇流器损坏。

（2）如果所用灯架是金属材料的，应注意绝缘，以免短路或漏电，发生危险。

（3）要了解启辉器内双金属片的构造，可以取下启辉器外壳来观察。用废日光灯灯管解剖了解灯丝的构造时，因灯管内的水银蒸气有毒，应注意通风。

（4）有电容器时，可将其并联在电源两端，注意日光灯上安装电容器是为了减少电力输送时的损失（即提高功率因数），对日光灯的启动并没有作用。

（5）日光灯要配套，也就是灯管、镇流器、启辉器的电压等级要一致，容量一致、规格不一致也不能互相代用。如40 W的灯管，必须配40 W的镇流器等。

（6）由于日光灯的位置一般都比较高，作业时一定要注意安全，建议两人一组，一人在上面作业，另一人在地上保护，以防出现意外。不要带电操作，有触电危险。

（7）操作工艺要求

1）软导线的剥制和连接：灯架内导线留有20 cm左右余量；软导线与镇流器引出线的连接接触良好，轻易拉不开，绝缘胶布包缠规范。

2）固定灯座支架：灯座支架面面相对，垂直安装；用木螺钉紧固后，钻出穿线孔；支架间距适中，与灯管长度配套，余量3～5 mm。

3）固定镇流器：镇流器居中安置在灯架内，紧贴木板，用木螺钉紧固。

4）固定启辉器座：启辉器座可以固定在灯架内或灯架外两侧，便于维修和安装启辉器。

（8）技术关键

1）在灯具安装过程中，首先应检验各零部件和紧固件的质量，以减少无效劳动。

2）吊式日光灯灯具内一般不设电源开关，引出电源线时留心做好记号，以保证相线断开。

3）灯管至零线输出的这根电源零线最长，不必急于剪断，在实际施工过程中，事先估计它的总长可减少一个不必要的接头。

4）导线与灯座接线柱连接前，应先“穿”线再留导线余量，可避免不必要的浪费。

学习活动2　日光灯的检修及故障排除

学习目标

1. 能在教师指导下使用仪表对日光灯的各部件进行检测。
2. 能正确检修及排除日光灯线路常见故障。

知识准备

一、日光灯的检测（表4—2—1）

表4—2—1　　主要数据记录表

步骤	内容	工艺要点	备注
1	铭牌数据	①日光灯的功率：________； ②工作电压：________；工作电流：__________； ③灯管规格：____________。	
2	电阻测量数据	①灯丝电阻：____________； ②绝缘电阻：____________。	

二、纯电感电路

在直流电路中，流过电阻的电流与电阻两端电压是同相位的。而在交流电路中，情况要复杂一些，影响电流跟电压（大小、相位）关系的，除了电阻，还有电感和电容。

纯电感电路：忽略电感线圈的电阻和分布电容，只有电感的交流电路称为纯电感电路。

1. 电路（图4—2—1）

为什么电感对交流电有阻碍作用呢？交流电通过电感线圈时，电流时刻在改变，电感线圈中必然产生自感电动势，阻碍电流的变化，这样就形成了对电流的阻碍作用。在电工技术中，变压器、电磁铁等的线圈，一般是用铜线绕制而成的。铜的电阻率很小，故在很多情况下，线圈的电阻比较小，可以忽略不计，从而认为线圈是只有电感存在的纯电感元件。

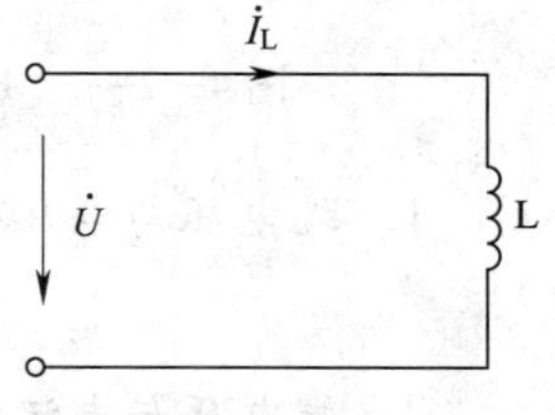

图4—2—1　纯电感电路

2. 纯电感电路电流与电压的大小关系——欧姆定律

$$I=\frac{U}{X_L}=\frac{U}{\omega L}=\frac{U}{2\pi fL}$$

U与I成正比。注意：$I_m=\frac{U_m}{X_L}$成立，但$i=\frac{u}{X_L}$不成立。

3. 纯电感电路电流与电压的相位关系

电感电压比电流超前90°，$\varphi=\varphi_u-\varphi_i=90°$，即电感电流比电压滞后90°，$\varphi=\varphi_i-\varphi_u=-90°$。

只能写成i滞后于u 90°，或电流的有效值相量（最大值相量）滞后于电压的有效值相量（最大值相量）90°，但不能写成I滞后U，或I_m滞后U_m。

由此得到以下结论：

（1）在纯电感的交流电路中，电流与电压是同频率的正弦量。

（2）电压在相位上超前电流$\frac{\pi}{2}$，或电流滞后电压$\frac{\pi}{2}$。

（3）电压、电流最大值和有效值之间都符合欧姆定律。

小贴士

RL 串联电路

一、电路（图 4—2—2）

在实际生活和生产的电气设备中，单一参数模型的元件电路实际上是不存在的，往往是同时具有多种参数性质的元件组成了实际电路，如日光灯的照明电路，就是典型的 RL 串联电路。

二、RL 串联电路的电压关系（图 4—2—3）

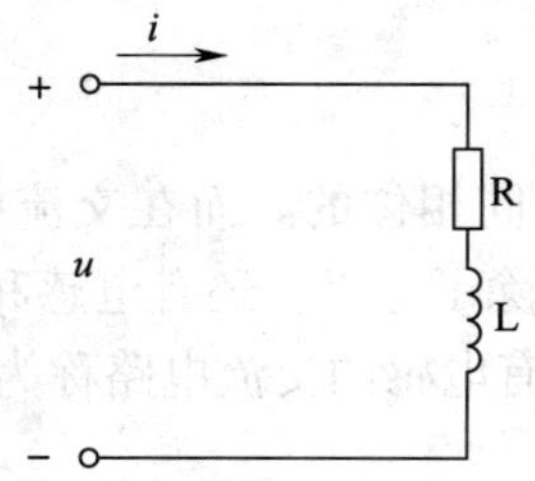

图 4—2—2　RL 串联电路

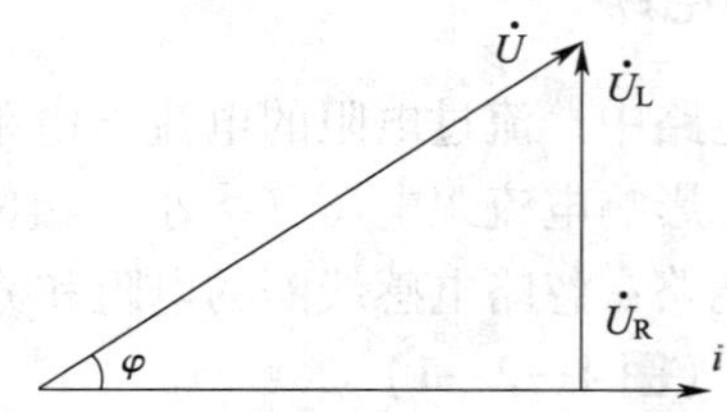

图 4—2—3　RL 串联电路的电压关系

1. 端电压与电压分量的数量关系

$$U = \sqrt{{U_R}^2 + {U_L}^2}$$

2. 端电压与电流的相位关系

$$\varphi = \arctan \frac{U_L}{U_R}$$

三、RL 串联电路的阻抗关系（图 4—2—4）

1. 总阻抗与分阻抗的关系

$$Z = \sqrt{R^2 + {X_L}^2}$$

2. 电流与电压、总阻抗的关系

$$I = \frac{U}{Z}$$

3. 相位与电压分量、阻抗分量的关系

$$\varphi = \arctan \frac{U_L}{U_R} = \arctan \frac{X_L}{R}$$

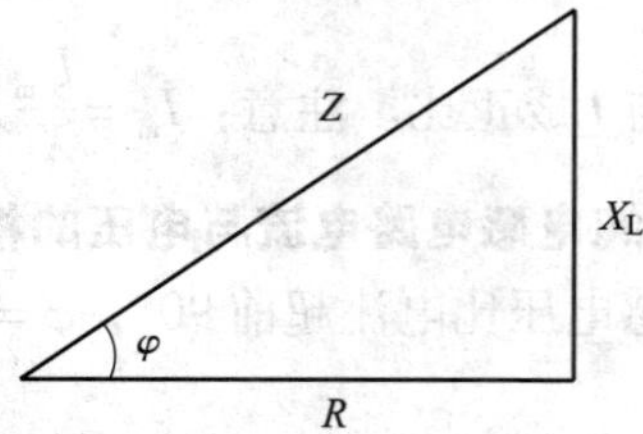

图 4—2—4　RL 串联电路的阻抗关系

例 4—2—1　有一个线圈，电阻 $R = 16\ \Omega$，与某交流电源接通后感抗 $X_L = 12\ \Omega$，电路电流 $I = 5$ A，求 U_R、U_L和端电压 U，以及端电压 u 与电路中电流 i 的相位差 φ 是多少？

解：

$$U_R = IR = 5 \times 16 = 80\ (\text{V})$$
$$U_L = IX_L = 5 \times 12 = 60\ (\text{V})$$
$$\varphi = \arctan \frac{U_L}{U_R} = \arctan \frac{60}{80} = 36.9^\circ$$
$$U = \sqrt{U_R^2 + U_L^2} = \sqrt{80^2 + 60^2} = 100(\text{V})$$

任务实施

一、实训目的

1. 能根据电路原理针对故障现象进行故障原因分析。
2. 能正确使用万用表检测查找故障点，进而排除故障。

二、主要实训器材的认识（表4—2—2）

表4—2—2　　主要实训器材

序号	实训器材名称	图例	作用	备注
1	启辉器		启动日光灯	只是启动时起作用
2	日光灯灯管		辉光放电	注意灯管易碎
3	镇流器		利用电磁感应原理来工作，启辉时产生足够高的自感电动势，点亮灯管，启辉后利用电抗限流降压	接线时，要求火线经开关后接入镇流器
4	万用表		检测日光灯照明电路各器件的质量和线路的电阻、电流、电压	注意选择挡位和量程

续表

序号	实训器材名称	图例	作用	备注
5	500 V 兆欧表		用来测量日光灯照明线路的绝缘电阻	又称绝缘电阻表，测量前应检查兆欧表的好坏
6	锤子		固定灯架	
7	验电笔		验电	又称电笔，测量通、断电很方便

三、实训内容

1. 典型安装错误

（1）将护套线代替安装软线。

（2）相线没进开关。

（3）由于接线错误，烧毁灯丝。

（4）灯座支架过于宽松，导致灯管跌落敲碎，或灯座支架间距过于狭小，导致装管困难。

（5）灯座内螺钉滑牙松动，未及时更换，造成导线接触不良，或灯座内导线裸露部分过长，导致线与线或线与弹簧之间发生短路，这两种现象都不易发现，应及时纠正。

2. 典型故障分析

在接线正确的情况下，按“典型故障”分析的方法来检修，速度快，效率高。日光灯电路不能正常工作的常见“典型故障”有以下三种：

（1）电源“无电”

判断电源是否有电，最简便的方法是用测电笔检测相线和零线。但当交流电压低于180 V 时，日光灯较难启动。在没有任何测电工具时，可将灯具移至背光处，接通电源，快速切换灯具的电源开关数次，在电路断开的瞬间，镇流器产生的高压有可能使灯管瞬间击穿，灯管两端一闪，由于闪光时间很短，要留心观察。

（2）导体接触不良

导体与导体的连接有“点”接触、“线”接触和“面”接触三种方式，其中点接触是可靠性最低的一种方式。由于灯脚与灯座之间多为“点”接触，故而是造成接触不良最主要的原因之一。其次，灯座接线柱处的导线连接质量如果不佳，轻者日久松动，似通非通，将大大缩短灯管的使用寿命，重者灯管不亮。这种原因引起的故障现象一般在短时间内不易发现。最后，启辉器座内铜脚失去弹性，也是引起接触不良的重要原因之一，其直接后果是使启辉器丧失功能。判断接触是否良好，首先用肉眼观察，其次用手试拉导线连接处，不提倡首先使用万用表。

（3）零部件质量引起的问题

镇流器内电感线圈若有局部短路，电感量将大为减少，如此时强行启动灯管，可能由于电流过大而将灯丝烧断，应立即将此镇流器拆除。

灯管灯丝通断的判断，除了用万用表直接检测外，建议学生学会用测电笔间接检测的方法。具体方法是，安上灯管，拿走启辉器，检查电路无误后接通电源，用测电笔检测启辉器座内近相线端的铜皮，氖泡亮则灯丝通，氖泡不亮则灯丝断。然后调换一下灯管两端，检测灯管另一端的灯丝。

有经验的电工判断灯丝通断的方法，是用手直接摇晃灯管，灯丝单边断时，断掉的灯丝有时会碰击管壁发出声音来，摇晃灯管的断丝端，仿佛有“弹簧”的感觉；若灯丝齐根断裂，颠倒灯管，能感觉出灯管内有异物。

3. 常见故障和检修方法

（1）日光灯无光

当开关闭合后，启辉器不启动，灯管两端和中间部分不发亮，说明灯管未工作。发生这种现象的原因可能是电路中断，如灯丝与管脚脱焊，镇流器线圈断路，启辉器电极与启辉器座接触不良等。究竟是什么原因，需逐项检查分析。

首先用万用表检查输入电压，如正常，再测量启辉器座上的电压降，此时电压表读数应为电源电压值。没有万用表可用串灯检查，灯亮说明电路中无断路，则可能是启辉器损坏，这时更换启辉器即可启动。如果用万用表测不出来电压值，或串灯不亮，可能是灯管与灯座接触不良，经转动灯管仍然不亮，则可能是灯丝断开。用万用表欧姆挡测量灯丝直流电阻：6～8 W 的灯管，冷态直流电阻为 15～18 Ω；15～40 W 的则为 3.5～5 Ω。若经检查灯丝电阻和冷态电阻相符，说明灯丝完好。若有断丝现象，可用裸铜线将管脚短路后插入灯座，并用导线短接启辉器的两个接点，若灯管仍然不亮，就必须检查镇流器线圈是否断路。用万用表测量镇流器直流电阻：6～8 W 的镇流器，冷态直流电阻为 80～100 Ω；15～20 W 的镇流器，冷态直流电阻为 28～30 Ω；30～40 W 的镇流器，冷态直流电阻为 24～28 Ω。若检查结果与参考阻值相符，说明镇流器完好，日光灯应正常工作。若灯管还不能启动应继续检查启辉器，直至日光灯发光。

（2）灯管两头发亮中间不亮

这种现象出现有两种可能。一种是电路闭合后灯管两端发红光而中间不亮，且灯丝部位没有闪烁，任凭启辉器怎样跳动，灯管仍不能点燃发光，这是灯管慢性漏气造成的。另一种是灯管两头发亮，中间不亮，灯丝部位有闪烁现象，产生这种情况可能是启辉器座或连接导线有故障及启辉器有毛病造成的。若把启辉器摘掉后，灯管仍无变化，则可能是接线或启辉器有短路故障，应进行检修。

如果启辉器去掉后，用导线短接其接点，日光灯正常工作，说明启辉器有毛病，可能是小电容被击穿或动触片和静触片搭连。经检查后，若电容击穿，可用0.005 μF 的纸介电容更换。若触片搭连，应更换新的启辉器。

（3）螺旋形光带

灯管虽然能正常启动，但点燃后管内出现螺旋形光带，俗称“打滚”，产生的原因是灯管质量差或镇流器工作电流过高。新灯管接入电路后，出现打滚现象是管内气体不纯或出厂前老化不好造成的，只要反复启动几次就可消除打滚现象，否则就必须检查镇流器限流，若作用差、质量不好，应更换新的。

（4）灯管断续闪光

若天气冷环境温度低，管内气体不易电离，日光灯启动较难，往往是开关闭合许久才跳亮点燃，有时启辉器跳动不止，而灯管却不能正常发光。除温度影响外，还有电源电压低于规定的最低启动电压值（如额定220 V）、灯管老化、镇流器不配套、启辉器有问题等都会影响启动。经过逐项检查分析后，确定原因，就要采取相应的必要措施，否则会因跳动时间过长，使灯管两头很快出现发黑，严重影响日光灯使用的寿命。

（5）镇流器有蜂音

蜂音俗称噪声或叫声。镇流器是一个有铁芯的电感线圈，通过电流时，由于电磁振动会产生蜂音，这是电磁产品难以避免的。根据出厂标准要求，距镇流器1 m处听不到叫声即为合格。在使用中镇流器出现较大的叫声，这是电源电压过高加剧了电磁振动，或安装位置不当引起了电磁振动，或安装位置不佳，或因长期使用其内部松动而使蜂音超过规定的标准所造成的。要想尽量减小蜂音，可采取降压、改变安装位置和夹紧铁芯等措施。

（6）新灯管灯丝烧断

新灯管刚使用，灯丝即刻烧断，其原因可能是电路接错，镇流器短路或灯管质量差造成的。首先应检查电路接线是否正确，然后检查镇流器是否短路（可用万用表测量其冷态电阻）。若镇流器线圈短路，就失去限流作用，流过灯丝电流过大，灯丝被烧断；若镇流器无短路，则是由于开关闭合后灯管严重漏气，灯管瞬间冒白烟而烧坏，必须更换灯管。

各组将遇到的故障现象与处理方法填入表4—2—3。

表4—2—3　　故障现象与处理方法

故障现象	造成原因	处理方法

4. 按任务要求进行验收

知识拓展

日光灯的正确使用

一、日光灯不能频繁启动

频繁启动的次数多，灯管的使用寿命就比额定值缩短。每启动一次，两阴极间就要受到一次高压脉冲的冲击，使阴极上电子发射物质消耗增大，当灯丝上的这种电子发射物质耗尽后，灯管就报废了。因此，在可能的条件下，要尽量减少日光灯的开关次数，以延长灯管的使用寿命。生产单位规定出厂的日光灯管，每启动一次连续点燃3 h，其使用寿命一般不少于3 000 h。若每启动一次点燃1 h，其使用寿命要缩短到70%以下，即由3 000 h缩短到2 000 h以下。如每启动一次，连续点燃6 h，其使用寿命可延长到125%，即灯管利用率延长1/4。可见启动次数对灯管使用寿命的影响十分显著。

二、减小电源电压的波动

电源电压的波动也会影响灯管的使用寿命。电压过高，使流过灯管的电流过大，使用寿命就要缩短；电压过低，流过灯管的电流大幅度减小，灯丝预热温度不高，电子发射能力不足，启动困难，势必增加对阴极灯丝的轰击次数，造成阴极发射物质飞溅，大大缩短使用寿命。

三、灯管和镇流器应配套使用

一般情况下，灯管的瓦数和镇流器瓦数要配套使用，否则也会影响灯管使用寿命。若配用功率过大的镇流器，会使灯管两端电压增高；配用功率过小的镇流器，会使灯管两端电压降低。由于镇流器不配套会引起灯管电压的波动，因而影响了灯管的使用寿命。

四、温度和湿度对灯管使用寿命的影响

日光灯最适宜的环境温度是18～25℃，温度过低会造成启动困难，尤其是在冬天，启动更为困难。湿度也会影响日光灯的启动，相对湿度在75%～80%时，启动就较为困难，启动困难必然增加对阴极的轰击次数，缩短其使用寿命。

四、评价

评价考核分四个等级：A（90～100分）、B（75～89分）、C（60～74分）、D（0～59分）。

评 价 表

项目名称	评价内容	配分	评价分数		
			自评	互评	师评
职业素养考核项目（40%）	劳动防护用品穿戴整齐	6分			
	安全意识、责任意识、服从意识	6分			
	积极参加教学活动、按时完成任务	10分			
	团队合作、与人交流能力	6分			
	劳动纪律	6分			
	生产现场管理6S标准	6分			
专业能力考核项目（60%）	专业知识查找及时、准确	12分			
	操作符合规范	18分			
	操作熟练、工作效率	12分			
	成品的验收质量	18分			
总分					
总评	自评（20%）+互评（20%）+师评（60%）	综合等级	教师（签名）:		

学习任务五　教室照明线路的安装与检修

学习目标

1. 能按照作业规程采取必要的标识和隔离措施，准备现场工作环境。

2. 能正确识别与安装空气开关、插座等元器件，选择导线颜色，进行导线与接线桩、接线帽的连接。

3. 能按图样、工艺及安全规程要求，用手锯进行槽板布线施工。

4. 能按施工任务书要求利用万用表进行检测；同时能对照明线路常见故障现象进行分析、检测，培养维修技能。

建议学时

60 学时

任务描述

教室照明线路是一种较复杂的电气、照明线路，电气技术工作者在日常的工作实践中，经常遇到教室照明线路的安装与检修工作，因此，掌握教室照明线路安装与检修的相关知识和应用技能是电气技术人员必不可缺的专业技能。例如，院××教室由于照明线路老化，根据教学需求要重新施工安装该教室的照明线路，后勤处要求维修电工组在两天内根据教室的照明线路设计施工方案完成施工，并负责该照明线路保修一年。

工作流程与活动

学习活动 1　教室照明线路的认识
学习活动 2　教室照明线路的安装及故障排除

学习活动 1　教室照明线路的认识

学习目标

1. 能说出光的基本参数及教室对照明的要求。

2. 能正确识读原理图、施工图。

知识准备

一、教室、黑板照明基本要求

教室内如果仅设置一般照明灯具，黑板上的垂直照度很低，均匀度差，因此对黑板应设专用灯具照明，其照明要求如下：

（1）宜采用有非对称光强分布特性的专用灯具，其光强分布见黑板照明灯具非对称光强分布图（图5—1—1a）。灯具在学生侧保护角宜大于40°，使学生不感到直接眩光。

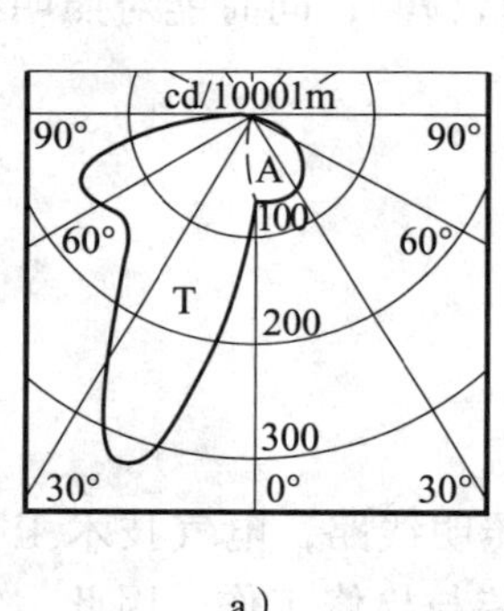

a）

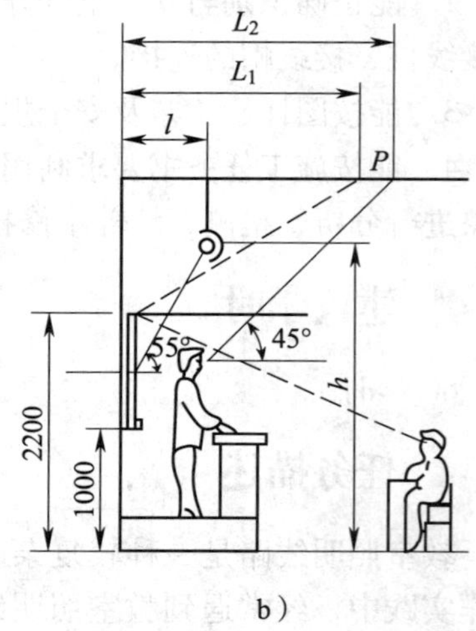

b）

图5—1—1　黑板照明示意图

a）黑板照明灯具非对称光强分布图　b）教师、学生、黑板与灯具之间的关系图

（2）黑板照明不应对教师产生直接眩光，也不应对学生产生反射眩光。在设计时，应合理确定灯具的安装高度及与黑板墙面的距离。图5—1—1b中表示出了教师、学生、黑板与灯具之间的关系，可得到以下布灯原则：

1）为避免对学生产生反射眩光，黑板灯具的布灯区为：第一排学生看黑板顶部，并以此视线反射至顶棚，求出映像点位置 P，以 P 点与黑板顶部作虚线连接，灯具应布置在该连接虚线以上区域内。

2）灯具不应布置在教师站在讲台上水平视线45°仰角以内位置，否则会对教师产生较大的直接眩光。

3）为确保黑板光照有足够的均匀度，灯具光轴最好以55°角入射到黑板水平中心线上，若能使灯具光轴瞄准点下移至距黑板底部向上1/3处更为理想。

黑板照明灯具安装方式如图5—1—2所示，分别为嵌入式、吊装式和壁装式，根据具体情况选用其中一种形式。

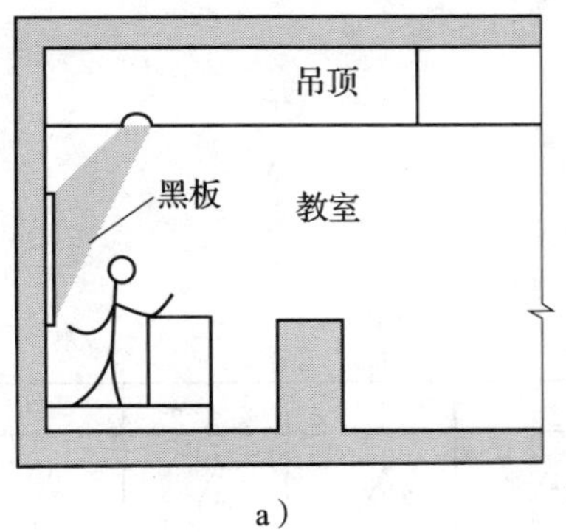

a）

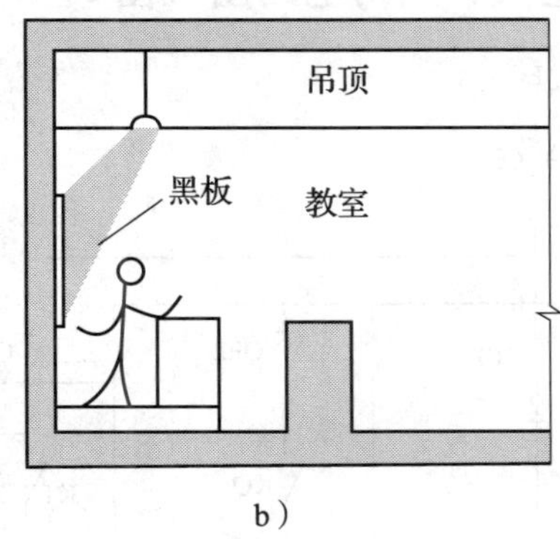

b）

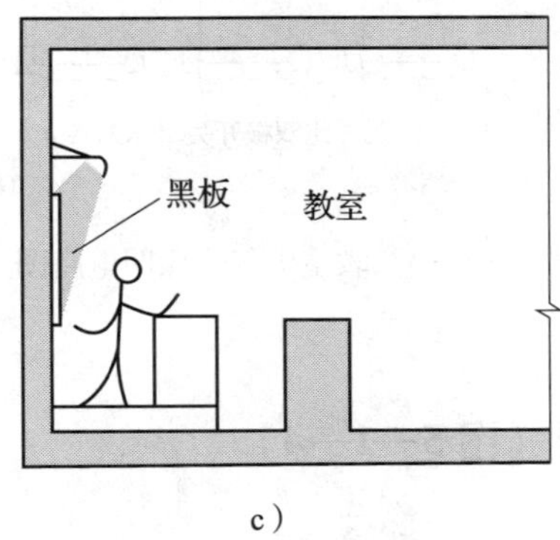

c）

图 5—1—2　黑板照明灯具安装方式

a）嵌入式　b）吊装式　c）壁装式

小贴士

一、照明支线

支线供电范围为：单相支线长度不超过 20 ~ 30 m，三相支线长度不超过 60 ~ 80 m，每相的电流以不超过 15 ~ 20 A 为宜。每一单相支线所装设的灯具和插座不应超过 20 个。在照明线路中插座的故障率最高，如安装数量较多时，应专设支线供电，以提高照明线路供电的可靠性。

二、支线导线截面

室内照明支线的线路转弯较长且分支很多，因此，从敷设施工考虑，支线截面不宜过大，通常应在 1.0 ~ 4.0 mm^2 范围内，最大不应超过 6 mm^2。如单相支线电流大于 15 A 或截面大于 6 mm^2 时，可采用三相或两条单相支线供电。

二、教室电气、照明电路图（图 5—1—3）

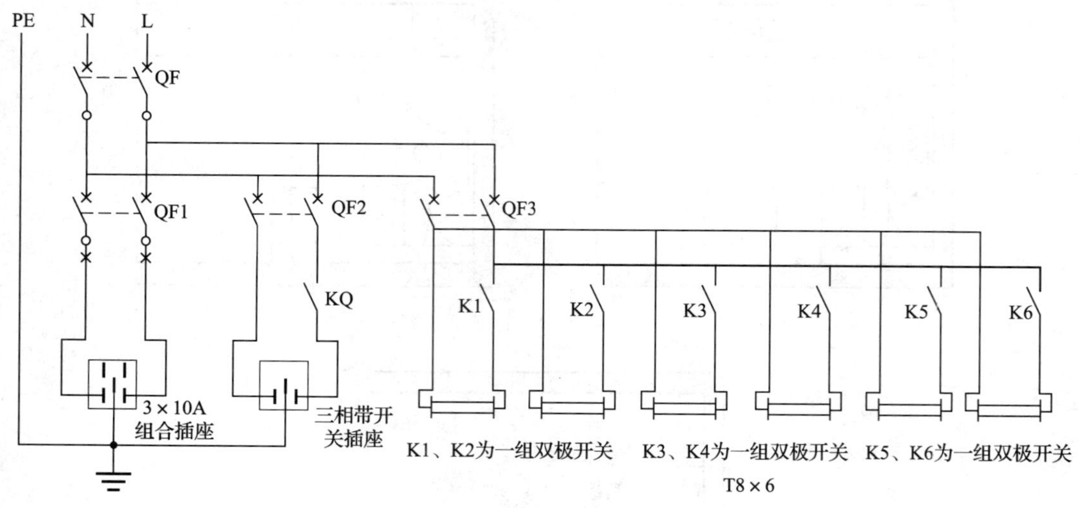

图 5—1—3　教室电气、照明电路图

三、教室电气、照明施工图（图 5—1—4）

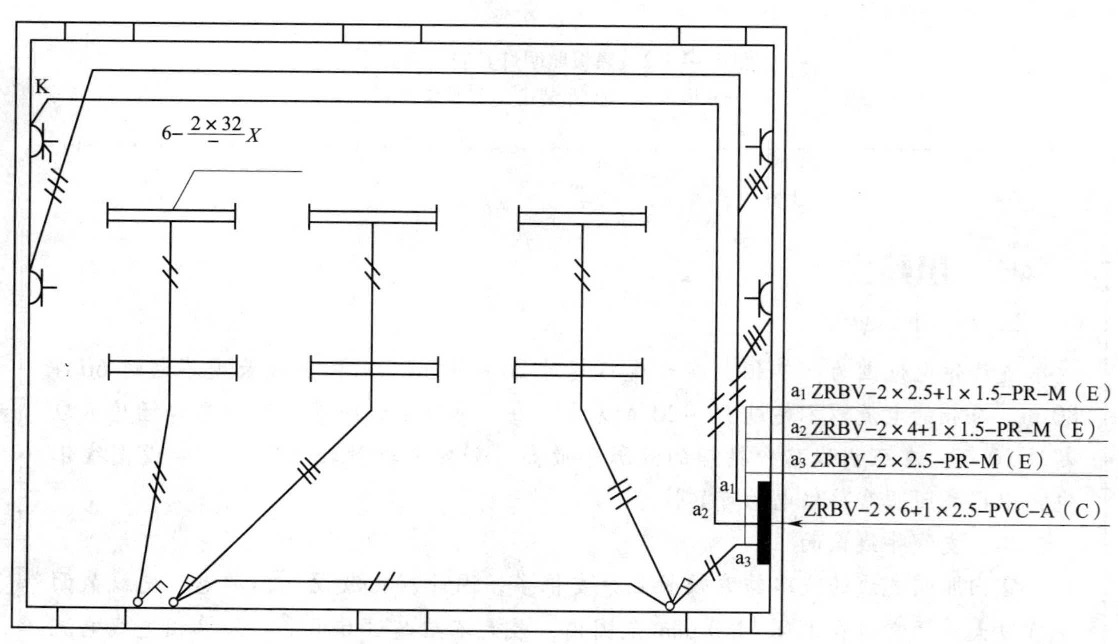

图 5—1—4　教室电气、照明施工图

图中各电气图例标注及材料见表5—1—1。

表5—1—1　　**电气图例标注及材料**

序号	图例	名称	型号规格	数量	做法及说明
1		照明配电箱	PZ－30	1	明装、距地1.4 m
2		三根线	ZRBV—2×2.5+1×1.5－PR－M（E）		槽板明敷设
3		单相三极带开关插座	220 V、16 A	1	明装、距地0.3 m
4		双极电门开关	220 V、10 A	3	明装、距地1.3 m
5		*n*根导线			
6		单相二极、三极组合插座	220 V、10 A	3	明装、距地0.3 m
7		双管荧光灯	$6-\frac{2\times 32}{-}X$	6	吊装、距地>2.4 m
8		空气断路器	DZ系列2 P	4	

注：$6-\frac{2\times 36}{-}X$的含义。在代数式$a-\frac{c\times d}{e}f$中，a表示灯具数量，c表示每盏灯具的组合数，d表示每盏灯具功率，e表示灯具安装高度，f表示安装方式。

小词典

光量度常用单位的概念

光量度的常用量度单位有光通量、发光强度、照度等。

一、光通量

光通量是指单位时间内光源辐射能量的大小，单位为流明（lm）。

二、发光强度

光源在某一方向的光通量，国际单位为坎德拉（cd）。

三、照度

物体在单位面积上的光通量叫光的照度，单位为勒克斯（lx）。

四、导线、开关与插座的选用

1. 导线的选用

电气装备用绝缘线的芯线多由铜、铝制成，可采用单股或多股。它的绝缘层可采用橡胶、塑料、棉纱、纤维等。绝缘导线分塑料绝缘线和橡皮绝缘线两种。

塑料铜线按芯线根数可分成塑料硬线（B 系列）和塑料软线（R 系列）。塑料硬线有单芯和多芯之分，单芯规格一般为 1 ~ 6 mm^2，多芯规格一般为 10 ~ 185 mm^2，如图 5—1—5a 所示。塑料软线为多芯，其规格一般为 0.1 ~ 95 mm^2，如图 5—1—5b 所示。这类电线柔软，可多次弯曲，外径小且质量轻，在家用电器和照明中应用极为广泛，在各种交直流的移动式电气、电工仪表及自动装置中也适用。塑料铜线的绝缘电压一般为 500 V。

图 5—1—5　塑料铜芯线

塑料铝线全为硬线，亦有单芯和多芯之分，其规格一般为 1.5 ~ 185 mm^2，绝缘电压为 500 V。

常用的绝缘导线符号有：BV——铜芯塑料硬线，RBV——铜芯塑料软线，BLV——铝芯塑料线，BX——铜芯橡皮线，BLX——铝芯橡皮线。

绝缘导线常用截面积有：0.5 mm^2、1 mm^2、1.5 mm^2、2.5 mm^2、4 mm^2、6 mm^2、10 mm^2、16 mm^2、25 mm^2、35 mm^2、50 mm^2、70 mm^2、95 mm^2、120 mm^2、150 mm^2、185 mm^2、240 mm^2、300 mm^2、400 mm^2。

常用导线实物图如图 5—1—6 所示。

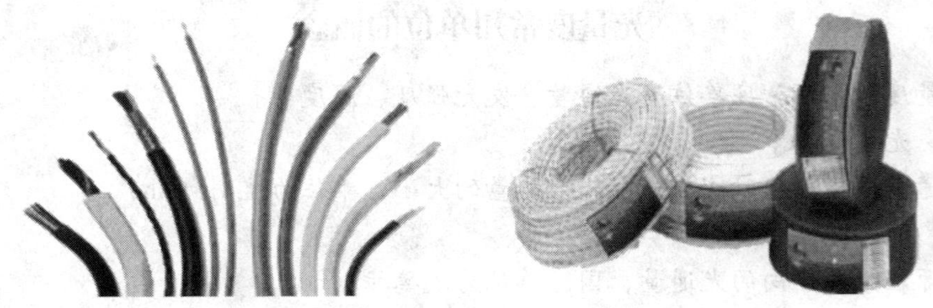

图 5—1—6　常用导线实物图

常用电工符号的名称、代号及安装方式见表 5—1—2。

表 5—1—2　　常用电工符号的名称、代号及安装方式

	名称	旧代号	新代号		名称	旧代号	新代号
线路敷设方式	明敷	M	E	线路敷设部位	沿墙面	QM（Q）	WE
	暗敷	A	C		暗敷设在墙内	QA	WC
	塑料阻燃管		PVC		暗敷设在地面或地板内	DA	FC
	阻燃导线		ZR				
	穿电线管	DG	T	灯具安装方式	线吊式	X	CP
	穿硬塑料管	VG	PC		壁式	B	W
	穿塑料槽板		PR		吸顶式	D	S

布线用塑料管、塑料线槽及附件等使用规范规定，在工程中必须采用氧指数为 27 以上的难燃型制品，氧指数越高，表明材料的难燃性和耐火性能越好，可燃性材料和难燃材料的氧指数的临界值为 26。目前国内生产的硬质塑料管、塑料线槽及塑料波纹管等的氧指数一般均在 30 以上。

有些地区大量采用高压聚乙烯半硬塑料管做电气布线管材，因其氧指数在 26 以下，属可燃性材料，能延燃，例如，VG 和 RVG（俗称流体管）在工程中禁止使用。

2. 开关与插座的选用

（1）类型

常见开关、插座实物图如图 5—1—7 所示。

图 5—1—7　开关、插座实物图

插座的种类见表 5—1—3。

表 5—1—3　　插座的种类

分类方式	类　别
按安装方式分	明装、暗装
按结构分	单相双孔、单相三孔、单相五孔、三相四孔
按插孔的形状分	扁孔、圆孔

（2）注意事项

火线与零线不能接反。面板朝安装者，左边接零线，右边接火线，上面接 PE 线，即“左零右火上 PE”。

学习活动2　教室照明线路的安装及故障排除

学习目标

1. 掌握空气开关和配电箱的结构、特点、原理及安装方法。
2. 能正确安装与检修教室照明线路。

知识准备

一、空气开关

空气开关又称断路器，也称自动开关、低压断路器。其工作原理为：在工作电流超过额定电流、短路、失压等情况下，自动切断电路。

DZ系列的空气开关，常见的有以下型号/规格：C16、C25、C32、C40、C60、C80、C100、C120、D25、D32、D40、D60、D80、D100、D120等，其中C表示脱扣电流，即起跳电流，例如，C32表示起跳电流为32 A，D表示（脱扣特性）为电动机类用。按极数可分为：单极、两极和三极（俗称1 P、2 P、3 P）。

空气开关结构图（按钮型）如图5—2—1所示，电路符号如图5—2—2所示。

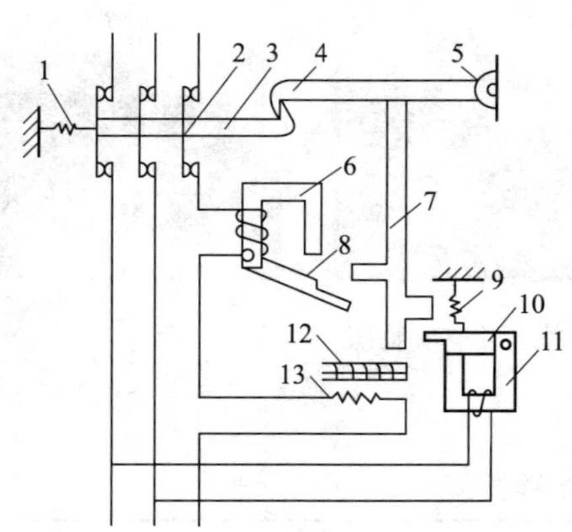

图5—2—1　自动空气开关原理图

1—主弹簧　2—主触头　3—锁扣　4—搭钩
5—转轴座　6—电磁脱扣器　7—杠杆
8—电磁脱扣器衔铁　9—拉力弹簧　10—欠电压脱扣器衔铁
11—欠电压脱扣器　12—双金属片　13—热元件

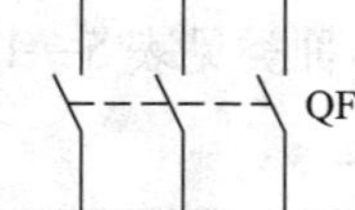

图5—2—2　空气开关电路符号

其工作原理为：

2为自动空气开关的三副主触头，它们串联在被控制的三相电路中。

当开关接通电源后，电磁脱扣器、热脱扣器及欠电压脱扣器若无异常反应，则开关运行正常。当线路发生短路或电流严重过载时，短路电流超过瞬时脱扣整定电流值，电磁脱扣器6产生足够大的吸力，将电磁脱扣器衔铁8吸合并撞击杠杆7，使搭钩4绕转轴座5向上转动与锁扣3脱开，锁扣在主弹簧1的作用下将三副主触头分断，切断电源。

当线路发生一般性过载时，过载电流虽不能使电磁脱扣器动作，但能使热元件13产生一定热量，促使双金属片12受热向上弯曲，推动杠杆7使搭钩与锁扣脱开，将主触头分断，切断电源。

欠电压脱扣器11的工作过程与电磁脱扣器恰恰相反。当线路电压正常时，欠电压脱扣器11产生足够的吸力，克服拉力弹簧9的作用将欠电压脱扣器衔铁10吸合，衔铁与杠杆脱离，锁扣与搭钩才得以锁住，主触头方能闭合。当线路上电压全部消失或电压下降至某一数值时，欠电压脱扣器吸力消失或减小，衔铁被拉力弹簧9拉开并撞击杠杆，主电路电源被分断。同样道理，在无电源电压或电压过低时，自动空气开关也不能接通电源。

常见空气开关实物图如图5—2—3所示。

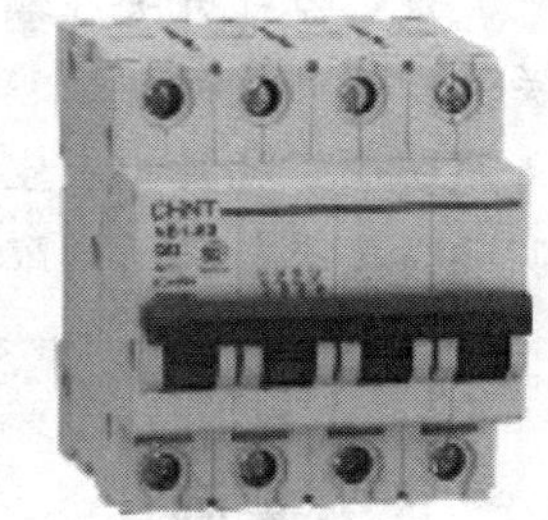

图5—2—3　空气开关实物图

二、配电箱

照明配电箱设备是在低压供电系统末端负责电能控制、保护、转换和分配的设备。主要由电线、元器件（包括隔离开关、断路器等）及箱体组成。

导线色别：当配线采用多相导线时，其相线的颜色应易于区分，且相线与零线的颜色应不同；同一建筑物、构筑物内的导线，其颜色应统一；保护地线（PE线）应采用黄绿色相间的绝缘导线；零线（N线）宜采用淡蓝色绝缘导线。

照明配电箱内部接线图和外形图分别如图5—2—4和图5—2—5所示。

图5—2—4　照明配电箱内部接线图

图5—2—5　配电箱外形图

知识拓展

DPN漏电保护断路器为预拼装式漏电保护断路器（断路器+漏电附件），可同时提供过载、短路、漏电保护功能。当发生漏电保护装置动作时，装置的正面有红色的机械指示可区别漏电故障与其他故障。

1P 就是火线进断路器，零线不进，DPN 是火线和零线同时进断路器，切断时火线和零线同时切断，对用户来说安全性更高。

2P 断路器也为双进双出，即火线和零线都进断路器，但 2P 断路器的宽度比 1P 和 DPN 断路器宽一倍。

3P 断路器为三进三出，即三相电源进断路器，零线不进，但 3P 断路器的宽度更宽。

注：空气开关在额定负载时，平均操作使用寿命为 20 000 次。在了解了漏电开关和空气开关的原理、功能的情况下，在选配配电箱的过程中，选择空气开关应本着照明小、插座中、空调大的选配原则。可根据用户的要求和个体的差异性，结合实际情况进行灵活的配电方案。

任务实施

一、实训目的

1. 能制定出教室电气、照明施工方案。
2. 能按照工艺要求进行安装。
3. 能正确使用工具自检并排除故障。

二、主要实训器材的认识（表 5—2—1）

表 5—2—1　　主要实训器材

序号	实训器材名称	图例	作用	备注
1	开关		控制电源通断	
2	五孔插座		方便连接其他电器	

续表

序号	实训器材名称	图例	作用	备注
3	空气开关		电路保护，一旦出现短路事故就会断开电路	因为采用空气介质，所以叫作空气开关
4	配电箱		配电，内装空气开关	
5	槽板		槽内布线	
6	万用表		测量双控灯的开关	注意选择挡位和量程
7	验电笔		验电	又称电笔，测量通、断电很方便

三、实训内容

1. 制定教室电气、照明施工方案

（1）某教室由于线路老化，用电器件已过使用寿命期，需重新安装改造，建筑面积 60 m^2。供电线路不考虑三相供电。

（2）方案依据现行主要标准及法规：《民用建筑电气设计规范》（JGJ 16—2008）、《建筑照明设计标准》（GB 50034—2013）。

（3）照明系统及线路：光源采用 T8 荧光灯，照度达到 300 lx；照明、插座分别用不同支路供电（单相三线、树干式与放射式相结合供电），线路采用 ZRBV2 – 3 × 2.5 铜线（分支可采用 ZRBV2 – 3 × 1.5），沿塑料线槽明敷设。

（4）照明与插座：荧光灯吊装下沿距地不小于 2.4 m，电门采用翘板型开关明装，下皮距地均为 1.3 m，开关边缘距门柜距离宜为 150 ~ 200 mm；插座采用单相两极、三极组合

保护型插座，下边距地 0.3 m。

（5）照明配电箱墙上明装，底边距地 1.6 m，尺寸按需确定。

2. 开关与插座的安装

（1）开关、插座一般要求

1）同一场所的开关切断位置应一致，且操作灵活，接点接触可靠；电器、灯具的相线应经开关控制。安装开关、插座时不得碰坏墙面，要保持墙面的清洁。

2）用自攻锁紧螺钉或自切螺钉安装的，螺钉与软塑固定件旋合长度不小于 8 mm；固定面板的螺钉有一字螺钉和十字螺钉，为了美观，应选用统一的螺钉。

软塑固定件在经受 10 次拧紧退出试验后，应无松动或掉渣，螺钉及螺纹无损坏现象。

3）接地（PE）或接零（PEN）支线必须单独与接地（PE）或接零（PEN）干线相连接，不得串联连接。

4）开关、插座箱内拱头接线，应改为鸡爪接导线总头，再分支导线接各开关或插座端头。或者采用安全型接线帽压接总头后，再分支进行导线连接。

（2）开关、插座安装位置要求

1）开关安装位置要求：

①扳把开关距地面的高度为 1.4 m，距门口的距离为 150 ~ 200 mm；开关不得置于单扇门后。

②开关位置应与灯位相对应，同一室内开关方向应一致。

③成排安装的开关高度应一致，高低差不大于 2 mm。

2）插座安装位置要求：

①同一室内安装的插座高低差不应大于 5 mm；成排安装的插座高低差不应大于 2 mm。

②当不采用安全型插座时，托儿所、幼儿园及小学等儿童活动场所的插座安装高度不小于 1.8 m。

③车间及试（实）验室的插座安装高度应不小于 0.3 m，特殊场所暗装的插座安装高度不小于 0.15 m。

④三孔或四孔插座的接地孔必须在顶部位置，不准倒装或横装。

（3）插座接线

不同类型的插座接线应符合下列规定：

1）单相两孔插座有横装和竖装两种。横装时，面对插座的右极接相线，左极接中性线，如图 5—2—6 所示；竖装时，面对插座的上极接相线，下极接中性线，如图 5—2—7 所示。

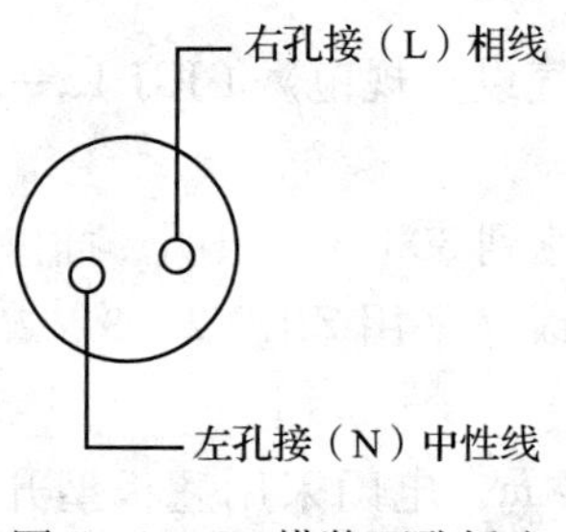

图 5—2—6　横装两孔插座

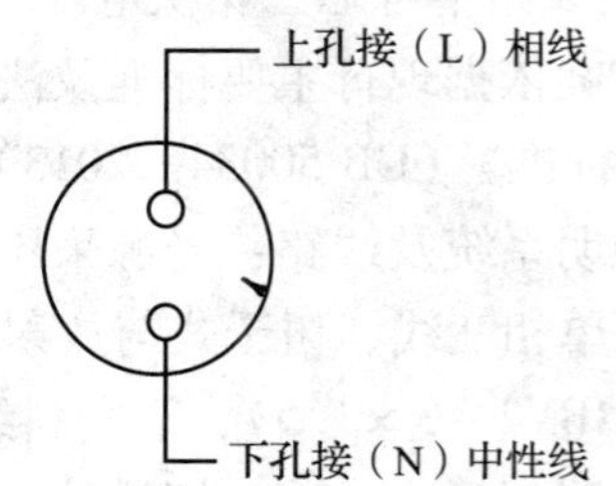

图 5—2—7　竖装两孔插座

2）单相三孔、三相四孔及三相五孔插座的接地（PE）接在上孔。插座的接地端子严禁与零线端子连接。同一场所的三相插座，接线的相序一致。其中，单相三孔及三相四孔插座接线图如图 5—2—8 和图 5—2—9 所示，注意保护接地线应接在上方。

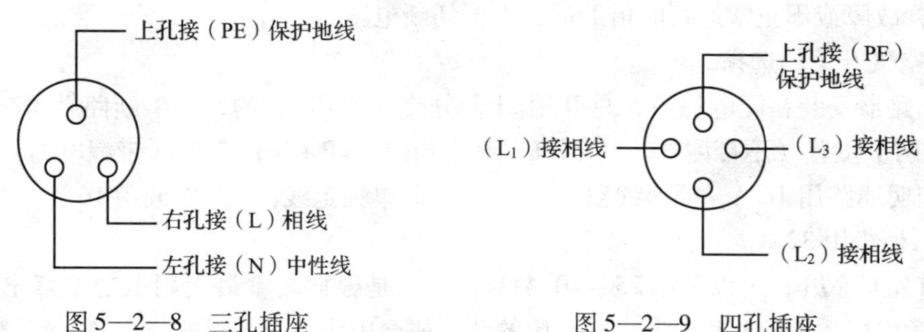

图 5—2—8　三孔插座　　　　图 5—2—9　四孔插座

3）接地（PE）在插座间不允许串联连接。

小贴士

明装开关、插座操作要领

明配线时，塑料台上的引线槽应先顺对导线方向，再用螺钉固定牢固。塑料台固定后，将甩出的线由电器孔中穿出，先将盒内甩出的导线留出维修长度，削出线芯，注意不要碰伤线芯。将导线按顺时针方向盘绕在开关、插座对应的接线桩（柱）上，然后旋紧压头。如果是针式接线桩，也可将线芯直接插入接线孔内，再用顶丝将其压紧。注意线芯不得外露。然后将开关或插座贴于塑料台上，对中找正，用木螺钉固定牢。最后再把开关、插座的盖板上好。

三孔插座的检查：将万用表置于交流 250 V 挡，两表棒分别插入相线与零线两孔内，如图 5—2—10 所示。

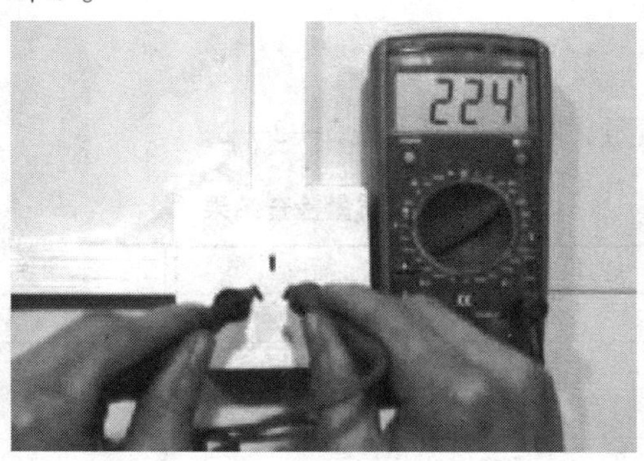

图 5—2—10　通电检查

3. 空气开关与配电箱的安装

配电箱按电气接线要求，将开关设备、测量仪表、保护电器和辅助设备组装在封闭或半封闭金属柜中或屏幅上，构成低压配电装置。正常运行时可借助手动或自动开关接通或分断电路，故障或不正常运行时借助保护电器切断电路。

（1）空气开关的选择

1）断路器安装在配电箱里，总开用2P，分支一般用1P的，小型断路器DZ471P占一位，2P占两个位置（不带漏电），DZ47LE2P占4位，1P+N占三位（带漏电的）。

2）照明线路用16 A，插座线路用25 A，空调单独走线，1匹空调用16 A，2匹空调用25 A，3匹柜机用32 A。

3）首先是总开，可以采用25～40 A的，这也是根据教室最大用电功率算出来的。这个功率要考虑以后加的一些电器，不考虑的话可能会因为负荷超过规定电流，频繁跳闸。如果教室最大用电功率6 000 W，总开=6 000/220=27.27 A，空气开关的常用规格有10 A、16 A、20 A、25 A、32 A、40 A、63 A，就需要选择32 A的2 P（双极，零火线双断）断路器作为总开。各支路有条件的话全部选择1 P漏电保护器，没条件照明可以选用1 P断路器。

（2）配电箱的安装注意事项

1）应安装在干燥、通风部位，且无妨碍物，方便使用。绝不能将配电箱安装在箱体内，以防火灾。

2）配电箱不宜安装过高，一般安装标高为1.8 m，以便操作。

3）进配电箱的电管必须用锁紧螺帽固定。

4）配电箱埋入墙体时应垂直、水平，边缘留5～6 mm的缝隙。

5）配电箱内的接线应规则、整齐，端子螺钉必须紧固。

6）各回路进线必须有足够长度，不得有接头。

7）安装后应标明各回路使用名称。

8）安装完成后需清理配电箱内的残留物。

注意：漏电保护器有个带T字标识的检测按钮，每个月要按下检测一次，如果跳闸说明产品没问题，如果不跳，需要更换新的漏电保护器。如果发生漏电后，合不上闸，需要按下T字按钮才可以合上。

4. 自检

（1）各组检查施工质量，将结果记入表5—2—2。

表5—2—2　施工质量检查结果

项目	灯具	插座	开关	照明控制箱
各部位置、尺寸				
接线端子可靠性				
维修预留长度				
导线绝缘的损坏				
牢固程度				
接线的正确性				

续表

项目	灯具	插座	开关	照明控制箱
线槽工艺性				
美观协调性				

（2）利用万用表进行电气检测，并记入表5—2—3。

表5—2—3　　电气检测结果

项目	阻值	备注
荧光灯支路的电阻		
插座支路的电阻		
空调插座支路的电阻		

（3）分支路通电试运行，运行结果做记录：

荧光灯支路____。

插座支路____。

空调插座支路______________________________________。

小贴士

用万用表测量支路电阻：将万用表置于电阻挡（确保QF、QF1、QF2、QF3在断开状态且插座无负载），测试室内照明控制箱QF1、QF2的下口位置，可判断两插座支路是否正常；测试QF3下口位置（确保照明支路灯开关全断开，再分别闭合），可判断荧光灯支路是否正常。

5．故障检修

各组将遇到的故障现象与处理方法，填入表5—2—4。

表5—2—4　　故障现象与处理方法

故障现象	造成原因	处理方法

6. 按任务要求进行验收

小贴士

一、常见故障分类

(1) 短路故障：表现形式为跳闸（空气开关、漏电保护器）或烧断熔丝（普通负荷开关）。

(2) 插座故障：表现形式为带上负载没电，或忽有忽无，或跳闸。

(3) 灯具故障：表现形式为接通电源后灯具不亮或忽明忽暗（如白炽灯也可能出现暗红色或特亮；荧光灯只有两头发光、光在灯管内滚动或灯光闪烁），或开灯跳闸等。

二、常见故障检查方法

如果在一间房里有好几盏灯具，其中只有一盏灯不亮，这时首先应按（或拉）两下控制这盏灯的开关，检查开关是否在闭合位置。然后，检查灯管是否有问题，若灯管无问题，则应拆开开关检查（对于新手，应拉开总闸；对于熟手，则可带电检查），检查开关接触是否良好，若开关良好，则可检查灯头及各接头处是否接触良好。

如果整个房间的灯都不亮，应先检查总闸是否接通或总熔断器是否熔断，其次检查是否已停电，再次检查电源主支路，若是线路的问题，则可用下述方法进行检查。

断路故障检查方法：

1. 停电检查法

该方法是在线路的某一位置（一般在线路的中间位置），用万用表的电阻挡，测量相线与零线之间的电阻。若所测电阻为无穷大，则此位置至灯具这段线路有断路；若所测电阻约等于灯具应有的电阻，则此位置至电源这段线路有断路，此时，可再在有断路的线路上另选一位置，用同样的方法检查，直至查到故障点为止。

2. 带电检查法

该方法是在上述位置用试电笔测量相线和零线，若两根线都有电，则电源侧的零线有断路；若两根线均无电，则电源侧的相线有断路；若一根有电，另一根没电，则灯泡侧的零线或相线有断路。在故障线路上，再用上述方法检查，直到找到故障点为止。若将上述停电和带电检查的方法结合在一起检查，则很快就可找到故障点。当然，如果用万用表电压挡检查更快。

三、荧光灯常见故障与处理方法（表5—2—5）

表 5—2—5　　荧光灯常见故障与处理方法

故障现象	造成原因	处理方法
不能发光或启动困难	电源电压太低或线路压降太大	调整电源电压，更换线路导线
	启辉器损坏或内部电容击穿	更换启辉器
	新装的灯接线有错误	检查接线，改正错误
	灯丝断丝或灯管漏气	检查后更换灯管
	灯座与灯脚接触不良	检查接触点，加以紧固
	镇流器选配不当或内部断路	检查修理或更换镇流器
	气温过低	加热灯管
灯管两头发光及灯光抖动	新装的灯接线有错误	检查线路，改正错误
	启辉器内部触点合并或电容击穿	更换启辉器
	镇流器选配不当或内部接线松动	检查修理或更换镇流器
	电源电压太低或线路压降太大	调整电源电压，更换线路导线
	灯座与灯脚接触不良	检查接触点，加以紧固
	灯管老化，灯丝不能起放电作用	更换灯管
	气温过低	加热灯管
灯管两头发黑或生黑斑	灯管老化，荧光粉烧坏	更换灯管
	启辉器损坏	更换启辉器
	镇流器选配不当，电流过大	更换镇流器
	电源电压太高	调整电源电压
	因接触不良而长期闪烁	紧固接线
	灯管内水银蒸气凝结（细灯管较易产生）	灯管亮后自行蒸发或将灯管扭转 180°
	灯管老化，发光效率降低	更换灯管
灯管亮度降低	气温过低或冷风直接吹在灯管上	加防护罩或回避冷风
	电源电压太低或线路压降太大	调整电源电压或更换线路导线
	灯管上污垢太多	清除污垢

知识拓展

照明线路基本检修思路及步骤

一、基本检修思路

常见电气、照明线路发生故障后，通过问、看、听、摸来了解故障发生后出现的异常现象，根据故障现象初步判断故障发生的部位，用逻辑分析法缩小并确定故障范围，对故障范围进行外观检查，用试验法进一步缩小故障范围，用测量法确定故障点，正确排除故障。

二、检修步骤

1. 检修前的故障调查

在检修前，通过问、看、听、摸来了解故障前后的情况和故障发生后出现的异常现象，以便根据故障现象判断出故障发生的部位，进而准确地排除故障。

2. 用逻辑分析法缩小并确定故障范围

结合故障现象和线路工作原理，进行认真的分析排查，即可迅速判定故障发生的可能范围。当故障的可疑范围较大时，不必按部就班地逐级进行检查，这时可在故障范围的中间环节进行检查，来判断故障究竟是发生在哪一部分，从而缩小故障范围，提高检修速度。

3. 对故障范围进行外观检查

在确定了故障发生的可能范围后，可对范围内的电气元件及连接导线进行外观检查，例如，熔断器的熔体熔断；导线接头松动或脱落；电气开关的动作机构受阻失灵等，都能明显地表明故障点所在。

4. 用试验法进一步缩小故障范围

经外观检查未发现故障点时，可根据故障现象，结合电路原理分析故障原因，在不扩大故障范围的前提下，进行直接通电实验或除去负载通电试验，以分清故障可能存在的电气部分。在通电试验时，必须注意人身和设备的安全。要遵守安全操作规程，不得随意触动带电部分。

5. 用测量法确定故障点

测量法是用来准确确定故障点的一种行之有效的检查方法。常用的测量工具和仪表有测电笔、万用表等，主要通过对电路进行带电或断电时有关参数（如电压、电阻、电流等）的测量，来判断电气元件的好坏、线路的绝缘情况以及线路的通断情况。常用的测量方法有电压分段测量法、电阻分段测量法和短接法。

以上所述检查分析电气设备故障的一般顺序和方法，应根据故障的性质和具体情况灵活选用。断电检查多采用电阻法，通电检查多采用电压法或电流法。各种方法可交叉使用，以便迅速有效地找出故障点。

6. 修复及注意事项

当找出电气设备的故障点后，就要着手进行修复、试运行、记录等，然后交付使用，但必须注意以下事项：

(1) 在找出故障点和修复故障时，应注意，不能把找出故障点作为寻找故障的终点，还必须进一步分析查明产生故障的根本原因。

(2) 找出故障点后，一定要针对不同故障情况和部位采取相应的正确的修复方法。在故障点的修理工作中，一般情况下应尽量做到复原。

(3) 每次排除故障后，应及时总结经验，并做好维修记录作为档案，以备日后维修时参考，并通过对历次故障的分析，采取相应的有效措施，防止类似事故的再次发生，或对线路本身的设计提出改进意见等。

四、评价

评价考核分四个等级：A（90～100分）、B（75～89分）、C（60～74分）、D（0～59分）。

评　价　表

项目名称	评价内容	配分	评价分数		
			自评	互评	师评
职业素养考核项目（40%）	劳动保护用品穿戴整齐	6分			
	安全意识、责任意识、服从意识	6分			
	积极参加教学活动、按时完成任务	10分			
	团队合作、与人交流能力	6分			
	劳动纪律	6分			
	生产现场管理6S标准	6分			
专业能力考核项目（60%）	专业知识查找及时、准确	12分			
	操作符合规范	18分			
	操作熟练、工作效率	12分			
	成品的验收质量	18分			
总分					
总评	自评（20%）+互评（20%）+师评（60%）	综合等级	教师（签名）：		

学习任务六　实训室照明线路的安装与检修

学习目标

1. 能正确描述三相交流电的特点。
2. 能对三相交流电（三相对称负载）进行简单计算。
3. 能正确描述实训室照明线路的特点。
4. 能按图样、工艺及安全规程要求进行暗敷设配线施工。
5. 能按控制要求利用工具进行检测与故障排除。

建议学时

40 学时

任务描述

实训室电气、照明线路的安装是一种较复杂的工程项目，很多实训设备需要三相电源。电气技术工作者在日常的工作实践中，经常遇到实训室电气、照明线路的安装工作，因此，掌握实训室电气、照明线路的相关知识和应用技能是电气技术人员必不可缺的专业技能。例如，我院由于教学需要，将原一间教室改造成为实训室，现需对照明线路进行改造，要求采用暗敷设配线方式布线。维修电工组接到此任务，要求按照设计图样施工，按预定工期完成此项工作。

工作流程与活动

学习活动 1　实训室照明线路的认识
学习活动 2　实训室照明线路的安装及故障排除

学习活动 1　实训室照明线路的认识

学习目标

1. 能正确描述三相交流电的特点。
2. 理解三相交流电的表达式。
3. 能对三相交流电（三相对称负载）进行简单计算。

知识准备

一、三相交流电的基本概念

线圈在磁场中旋转时，导线切割磁力线会产生感应电动势，它的变化规律可用正弦曲线表示。如果取三个线圈，使它们在空间位置上互相差120°角，三个线圈仍旧在磁场中以相同速度旋转，会感应出三个频率相同的感应电动势。由于三个线圈在空间位置互相差120°角，故产生的电流亦是三相正弦变化，称为三相正弦交流电。工业设备许多地方采用三相供电，如三相交流电动机等。图6—1—1a为三相电源变压器，图6—1—1b为三相数字电压表，图6—1—1c为三相电源与三相负载。

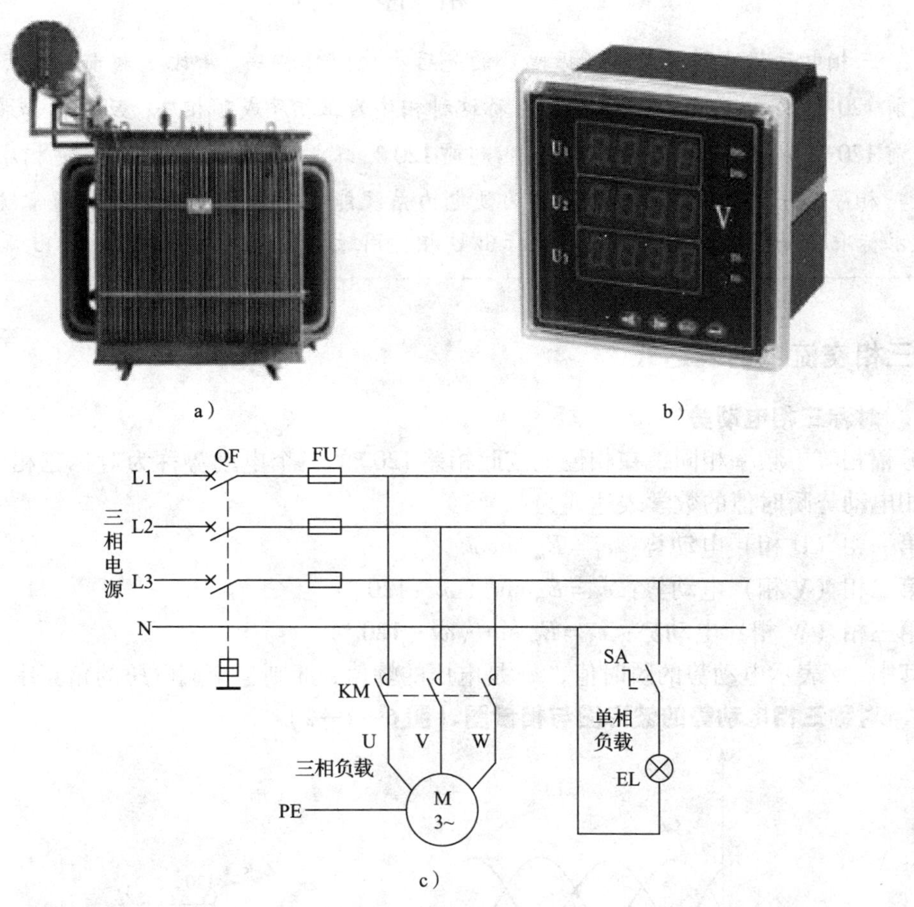

图6—1—1　三相电源变压器、三相数字电压表、三相电源与三相负载

a）三相电源变压器　b）三相数字电压表　c）三相电源与三相负载

二、三相交流电的产生

一个线圈在磁场里转动，电路里只产生一个交变电动势，这时发出的交流电叫作单相

交流电。如果在磁场里有三个互成 120 °角的线圈同时转动，电路里就产生三个交变电动势，这时发出的交流电叫作三相交流电。在交流发电机中，铁芯上固定着三个相同的线圈 AX、BY、CZ，始端是 A、B、C，末端是 X、Y、Z。三个线圈的平面互成 120 °角。匀速地转动铁芯，三个线圈就在磁场里匀速转动。三个线圈是相同的，它们发出的三个电动势，最大值和频率都相同。相与相之间的电压称为线电压，电压为 380 V，相与中性线之间的电压称为相电压，电压为 220 V，分为 U 相、V 相、W 相，线路上用 L1、L2、L3 来表示。

小词典

相　序

三相电动势达到最大值（振幅）的先后次序叫作相序。e_1 比 e_2 超前 120 °，e_2 比 e_3 超前 120 °，而 e_3 又比 e_1 超前 120 °，称这种相序为正相序或顺相序；反之，如果 e_1 比 e_3 超前 120 °，e_3 比 e_2 超前 120 °，e_2 比 e_1 超前 120 °，称这种相序为负相序或逆相序。

相序是一个十分重要的概念，为使电力系统能够安全可靠地运行，通常统一规定技术标准，一般在配电盘上用黄色标出 U 相，用绿色标出 V 相，用红色标出 W 相。

三、三相交流电的表达式

1. 对称三相电动势

振幅相等、频率相同，在相位上彼此相差 120 °的三个电动势称为对称三相电动势。对称三相电动势瞬时值的数学表达式为：

第一相（U 相）电动势：$e_1 = E_m \sin\omega t$

第二相（V 相）电动势：$e_2 = E_m \sin(\omega t - 120°)$

第三相（W 相）电动势：$e_3 = E_m \sin(\omega t + 120°)$

其中，e 表示电动势的瞬时值，E_m 是电压的峰值，ω 则是交流电压的角频率。

2. 对称三相电动势的波形图与相量图（图 6—1—2）

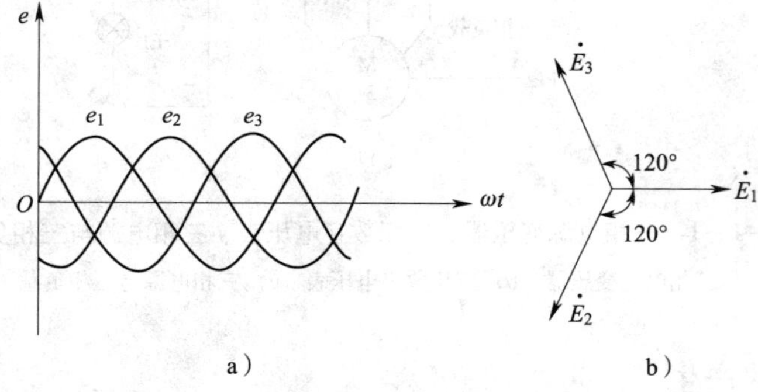

图 6—1—2　对称三相电动势的波形图与相量图

a）波形图　b）相量图

四、三相电源的连接

三相电源有星形（亦称Y）连接和三角形（亦称△）连接。

（1）三相电源的星形（Y形）连接

将三相发电机三相绕组的末端 U2、V2、W2（相尾）连接在一点，始端 U1、V1、W1（相头）分别与负载相连，这种连接方法叫作星形（Y形）连接，如图 6—1—3 所示。

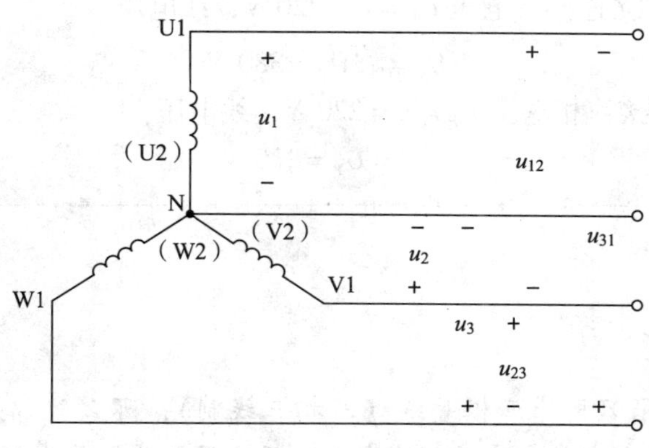

图 6—1—3　三相绕组的星形连接

从三相电源三个相头 U1、V1、W1 引出的三根导线叫作端线或相线，俗称火线，任意两根火线之间的电压叫作线电压。公共连接点 N 叫作中性点，从中性点引出的导线叫作中性线或零线。由三根相线和一根中性线组成的输电方式叫作三相四线制（通常在低压配电中采用）。

每相绕组始端与末端之间的电压（即相线与中线之间的电压）叫作相电压，它们的瞬时值用 u_1、u_2、u_3 来表示，显然这三个相电压也是对称的。相电压大小（有效值）均为：

$$U_1 = U_2 = U_3 = U_{相} = 220\ \text{V}$$

任意两相始端之间的电压（即火线与火线之间的电压）叫作线电压，它们的瞬时值用 u_{12}、u_{23}、u_{31} 来表示。Y接法的相量图如图 6—1—4 所示。

显然三个线电压也是对称的，大小（有效值）均为 $U_{12} = U_{23} = U_{31} = U_{线} = 380$ V，且有

$$U_{线} = \sqrt{3}U_{相}$$

线电压比相应的相电压超前 30 °，如线电压 U_{12} 比相电压 U_1 超前 30 °，线电压 U_{23} 比相电压 U_2 超前 30 °，线电压 U_{31} 比相电压 U_3 超前30 °。其相量图如图 6—1—4 所示。

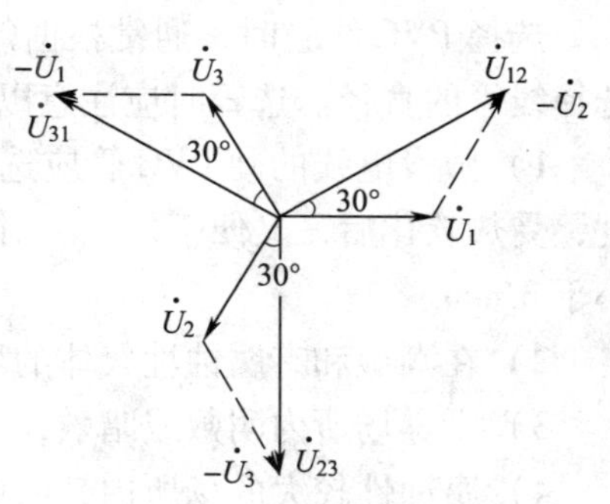

图 6—1—4　相电压与线电压的相量图

（2）三相电源的三角形（△形）连接

将三相发电机的第二绕组始端 V1 与第一绕组的末端 U2 相连，第三绕组始端 W1 与第二绕组的末端 V2 相连，第一绕组始端 U1 与第三绕组的末端 W2 相连，并从三个始端 U1、V1、W1 引出三根导线分别与负载相

连，这种连接方法叫作三角形（Δ形）连接。显然这时线电压等于相电压，即

$$U_{线} = U_{相}$$

这种没有中性线，只有三根相线的输电方式叫作三相三线制。

例 6—1—1 已知发电机三相绕组产生的电动势大小均为 $E = 220\ V$，试求：（1）三相电源为Y连接时的相电压 U_P 与线电压 U_L；（2）三相电源为△连接时的相电压 U_P 与线电压 U_L。

解：（1）三相电源Y连接：电压 $U_P = E = 220\ V$，线电压：

$$U_L = \sqrt{3} U_P \approx 380\ V$$

（2）三相电源Δ连接：相电压 $U_P = E = 220\ V$，线电压：

$$U_L = U_P = 220\ V$$

小贴士

供电系统中如果只引出三根导线（三相三线制），那么就都是火线（没有中性线），这时所说的三相电压大小均指线电压；而民用电源则需要引出中性线，此时所说的电压大小均指相电压。

五、PVC 线管配线

1．线管配线

把绝缘导线穿在管内敷设称为线管配线。这种配线方式比较安全可靠，可避免腐蚀性气体侵蚀和受机械损伤，适用于公共建筑物和工业厂房中。

线管配线有明装式和暗装式两种。明装式要求横平竖直、整齐美观；暗装式要求线管短、弯头少。

2．PVC 线管配线的方法及步骤

（1）线管选择

选择 PVC 线管时，通常根据敷设的场所来选择线管类型；根据穿管导线截面和根数来选择线管的直径。选管时应注意以下几点：

1）敷设电线的硬 PVC 管应选用热 PVC 管，其优点是在常温下坚硬，有较大的机械强度，受热软化后，又便于加工。对管壁厚度的要求是：明敷时不得小于 2 mm，暗敷时不得小于 3 mm。

2）在潮湿和有腐蚀性气体的场所，不管是明敷还是暗装，一般采用高强度 PVC 线管。

3）干燥场所内明敷或暗敷，一般采用管壁较薄的 PVC 线管。

4）腐蚀性较大的场所内，明敷或暗敷一般采用硬 PVC 线管。

5）根据穿管导线截面和根数来选择线管的直径。一般要求穿管导线的总截面（包括绝缘层）不应超过线管内径截面的 40%。

（2）锯管

锯管前应检查PVC线管的质量，若出现裂缝、瘪陷或管内有锋口杂物等，均不能应用。接着应将两个接线盒之间作为一个线段，根据线路弯曲转角情况来决定用几根PVC线管接成一个线段，并确定弯曲部位，一个线段内应尽可能减少管口的连接接口。

锯PVC线管时，必须根据实际需要将其切断。切断的方法是用台虎钳将其固定，再用钢锯锯断。锯割时，在锯口上注少量润滑油可防止钢锯条过热。管口要平齐，并锉去毛刺。

（3）弯管

根据线路敷设的需要，在PVC线管改变方向时需将其弯曲。PVC线管的弯曲通常采用加热弯曲法。加热时要掌握好火候，首先要使管子软化，但注意不得烤伤、烤变色或使管壁出现凹凸状。为便于导线在PVC线管中穿越，PVC线管的弯曲角度不应小于90°，其弯曲半径可做如下选择：明敷不能小于管径的6倍；暗敷不得小于管径的10倍。对PVC管的加热弯曲有直接加热和灌沙加热两种方法。

3. 硬PVC管的连接

（1）加热连接法

1）直接加热连接法。对直径为50 mm及以下的PVC管可用直接加热连接法。连接前先将管口倒角，即将连接处的外管倒内角，内管倒外角，如图6—1—5所示。然后将内、外管各自插接部位的接触面用汽油、苯或二氯乙烯等溶剂洗净，待溶剂挥发完后用喷灯、电炉或其他热源对插接段加热，加热长度为管径的1.2～1.5倍，如图6—1—6所示。也可将插接段浸在130℃的热甘油或石蜡中加热至软化状态，将内管涂上黏合剂，趁热插入外管并调到两管轴心一致时，迅速用湿布包缠，使其尽快冷却硬化。

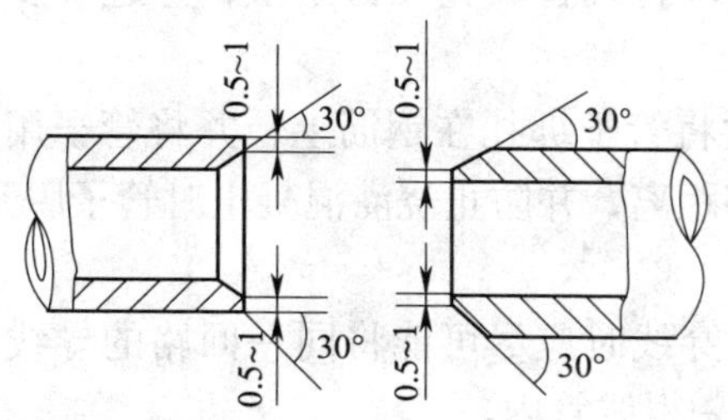

图6—1—5　塑料管口倒角

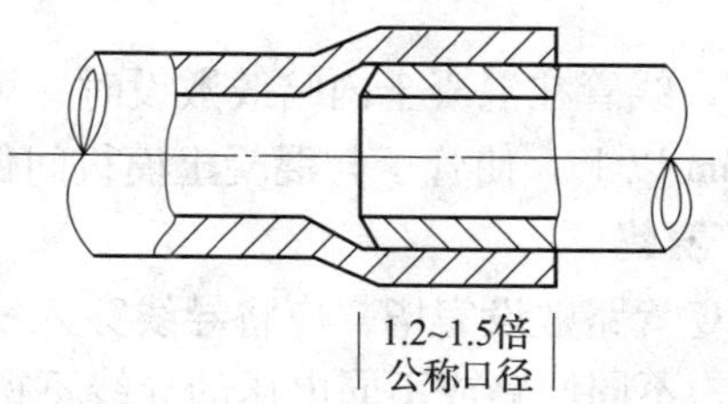

图6—1—6　塑料管的直接插入

2）模具胀管法。对直径为65 mm及其以上的硬PVC管的连接，可用模具胀管法。先按照直接加热连接法对接头部分进行倒角、清除油垢并加热，等PVC管软化后，将已加热的金属模具趁热插入外管接头部，如图6—1—7a所示。然后用冷水冷却到50℃左右，脱出模具，在接触面涂上黏合剂，再次加热，待塑料管软化后进行插接，到位后用水冷却，使外管收缩，箍紧内管，完成连接。

硬PVC管在完成上述插接工序后，如果条件具备，用相应的塑料焊条在接口处圆周上焊接一圈，使接头成为一个整体，则机械强度和防潮性能更好。焊接完工的PVC管接头如图6—1—7b所示。

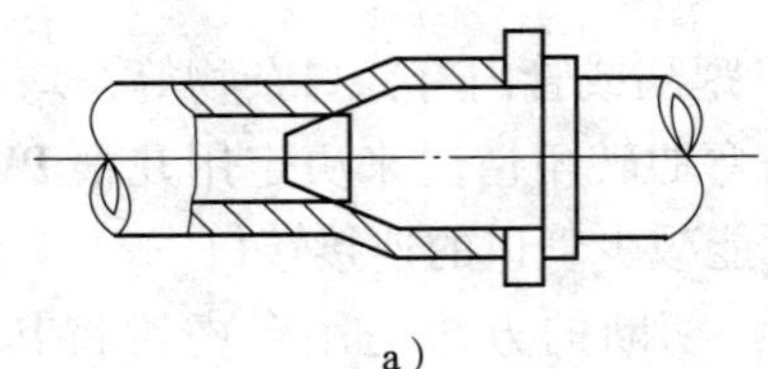

a）

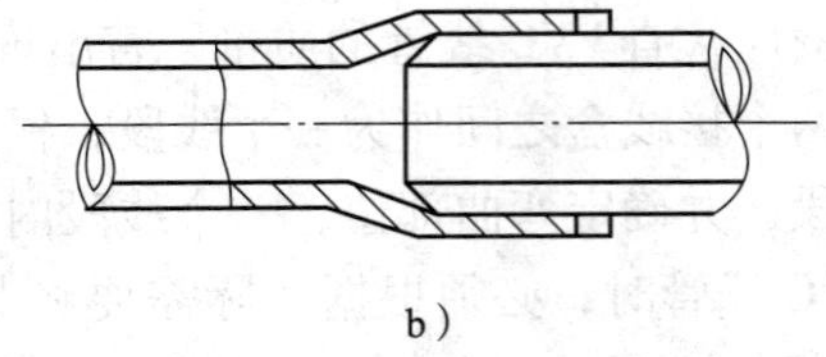

b）

图 6—1—7　硬 PVC 管模具插接

a）胀管插接　b）接口焊接

（2）套管连接法

两根硬塑料管的连接可在接头部分加套管完成。套管的长度为它自身内径的 2.5～3 倍，其中管径在 50 mm 以下者取较大值；在 50 mm 以上者取较小值，管内径以待插接的硬 PVC 管在套管加热状态刚能插进为合适。插接前，仍需先将管口在套管中部对齐，并处于同一轴线上，如图 6—1—8 所示。

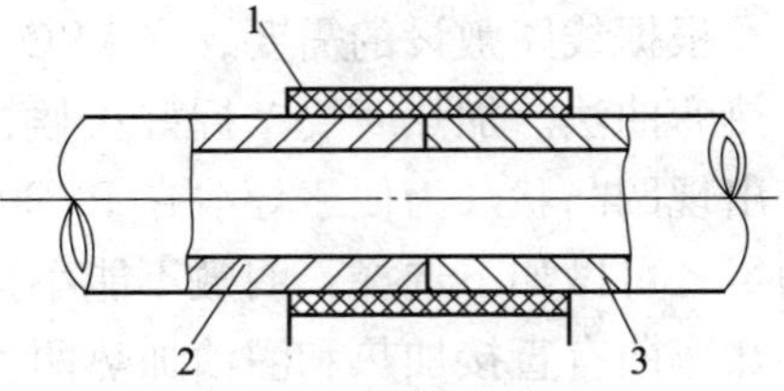

图 6—1—8　套管连接法

1—套管　2、3—接管

4. PVC 线管的敷设

（1）硬 PVC 管明敷时，应采用管卡支撑，固定管子的管卡需距离始端、终端、转角中点、接线盒或电气设备边缘 150～500 mm；中间直线部分间距均匀，其最大允许间距可参照：管径在 20 mm 及以下时，管卡间距为 1 m；管径在 20～40 mm 时，管卡间距为 1.2～1.5 m；管径为 40 mm 及以上时，管卡间距为 2 m。管卡均应安装在木结构或木榫上。

（2）线管在砖墙内暗线敷设时，一般在土建砌砖时预埋，否则应先在砖墙上留槽或开槽，然后在砖缝里打入木榫并钉上钉子，再用铁丝将线管绑扎在钉子上，并进一步将钉子钉入。

（3）线管在混凝土内暗线敷设时，可用铁丝将管子绑扎在钢筋上，并将管子用垫块垫高 15 mm 以上，使管子与混凝土模板间保持足够距离，并防止浇灌混凝土时管子脱开。

5. 穿线

PVC 管路敷设完毕，应将导线穿入线管中。穿线时应尽可能将同一回路的导线穿入同一管内，不同回路或不同电压的导线不得穿入同一根线管内。

知识拓展

线管配线的安装要求

（1）管线敷设在多尘、潮湿场所，其管口连接处（如接线盒）应密封并加装橡皮垫。

（2）电线管弯曲半径见表 6—1—1。

表 6—1—1　　电线管弯曲半径

敷设方式	明设	暗设	混凝土中
最小弯曲半径	⩾6*D* 当两盒间只有一个弯时，⩾4*D*	⩾6*D*	⩾10*D*

注：*D* 为管的外径，单位为 mm。

（3）埋入建筑物、构筑物内，距表面距离不大于 15 mm。

（4）为了便于导线安装和维护，接线盒的安装如下：

1）直管，管长每 30 m 处。

2）有一个 90°转角，管长度每 20 m 处。

3）有两个 90°转角，管长度每 15 m 处。

4）有三个 90°转角，管长度每 8 m 处。

（5）管线弯曲后夹角不小于 90°。

（6）垂直敷设时，以下情况需要增设接线箱，箱内支架用卡子将导线固定：

1）管内导线截面为 50 mm^2 及以下，管线长每 30 m 处。

2）管内导线截面为 70～95 mm^2，管线长每 20 m 处。

3）管内导线截面为 120～240 mm^2，管线长度每 18 m 处。

（7）塑料管配用塑料盒，金属管配用金属盒；明装管用明装接线盒，暗装管用暗装接线盒；塑料管配线需要保护接地，需单独敷设一根截面不小于 2.5 mm^2 的铜芯绝缘线，但与相线及零线颜色应有所区别，保护接地（PE）应用黄、绿相间的绝缘导线，中性线（N）应用淡蓝色绝缘导线。

（8）三相四线制系统的照明回路，中性线（N）应与相线截面相等。

（9）导线同管敷设的规定：

1）不同回路、不同电压等级、交流回路、直流回路的导线，不得穿在同一根线管内。

2）同一台设备电动机的主回路、控制回路的所有导线允许穿在同一根线管内，但导线总数不大于 10 根。

3）除直流回路导线和接地导线外，不得在钢管内穿单根导线（交流回路单根导线不能穿入同一根管内）。

4）线管内导线不准有接头，也不准穿入绝缘损坏后经过包缠恢复绝缘的导线（接头应在接线盒或接线箱内）。

5）管内导线，包括绝缘层在内，总面积不大于管内面积的 40%。

（10）在混凝土内敷设的线管，必须使用壁厚为 3 mm 的电线管。当电线管的外径超过混凝土厚度的 1/3 时，不准将电线管埋在混凝土内，以免影响混凝土的强度。

（11）室内电气管线路和配电设备与其他管道、设备间的最小距离见表6—1—2。

表 6—1—2　室内电气管线路和配电设备与其他管道、设备间的最小距离　m

类别	管道与设备名称	管内导线	明线绝缘导线	裸母线	滑触线	配电设备
平行	煤气管	0.1	1.0	1.0	1.5	1.5
	乙炔管	0.1	1.0	2.0	3.0	3.0
	氧气管	0.1	0.5	1.0	1.5	1.5
	蒸汽管	上1.0/下0.5	上1.0/下0.5	1.0	1.0	0.5
	暖水管	上0.3/下0.2	上0.3/下0.2	1.0	1.0	0.1
	通风管	—	0.1	1.0	1.0	0.1
	上下水管	—	0.1	1.0	1.0	0.1
	压缩空气管	—	0.1	1.0	1.0	0.1
	工艺设备	—	—	1.0	1.5	—
交叉	煤气管	0.1	0.3	0.5	0.5	—
	乙炔管	0.1	0.5	0.5	0.5	—
	氧气管	0.1	0.3	0.5	0.5	—
	蒸汽管	0.3	0.3	0.5	0.5	—
	暖水管	0.1	0.1	0.5	0.5	—
	通风管	—	0.1	0.5	0.5	—
	上下水管	—	0.1	0.5	0.5	—
	压缩空气管	—	0.1	0.5	0.5	—
	工艺设备	—	—	1.5	1.5	—

学习活动 2　实训室照明线路的安装及故障排除

学习目标

1. 能说出实训室照明线路的特点。
2. 能正确描述三相负载的特点。
3. 能对三相交流电（三相对称负载）进行简单计算。
4. 能进行实训室照明线路的安装及故障排除。

知识准备

一、负载的星形连接（图6—2—1）

该接法有三根火线和一根零线，叫作三相四线制电路。在这种电路中三相负载也必须是Y连接，所以又叫作Y－Y接法的三相电路。显然不管负载是否对称（相等），电路中的线电压U_L都等于负载相电压U_{YP}的$\sqrt{3}$倍，即：

$$U_L = \sqrt{3}U_{YP}$$

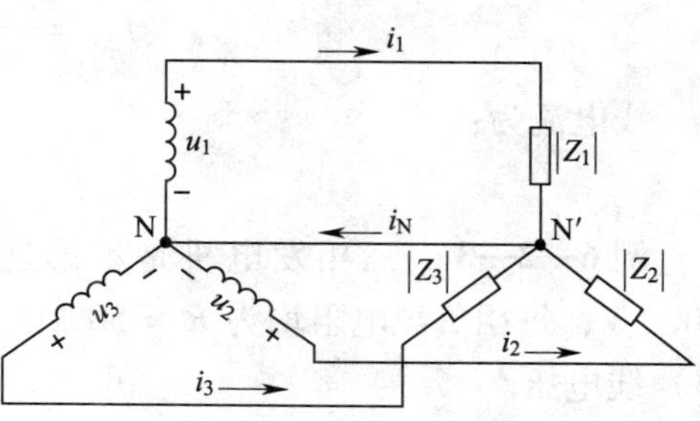

图6—2—1　三相负载的星形连接

负载的相电流I_{YP}等于线电流I_{YL}，即：

$$I_{YP} = I_{YL}$$

当三相负载对称时，即各相负载完全相同，相电流和线电流也一定对称（称为Y－Y形对称三相电路），即各相电流（或各线电流）振幅相等、频率相同、相位彼此相差120°，并且中性线电流为零。所以中性线可以去掉，即形成三相三线制电路，也就是说对于对称负载来说，不必关心电源的接法，只需关心负载的接法。

例6—2—1　在负载作Y连接的对称三相电路中，已知每相负载均为$|Z| = 20\ \Omega$，设线电压$U_L = 380$ V，试求各相电流（也就是线电流）。

解：在对称Y负载中，相电压为：

$$U_{YP} = \frac{U_L}{\sqrt{3}} \approx 220\ \text{V}$$

相电流（即线电流）为：

$$I_{YP} = \frac{U_{YP}}{|Z|} = \frac{220}{20}\ \text{A} = 11\ \text{A}$$

二、负载的三角形连接

负载作△连接时只能形成三相三线制电路，如图6—2—2所示。

显然不管负载是否对称（相等），电路中负载相电压$U_{\triangle P}$都等于线电压U_L，即：

$$U_{\triangle P} = U_L$$

当三相负载对称时，即各相负载完全相同，相电流和线电流也一定对称。负载的相电流为：

$$I_{\triangle P} = \frac{U_{\triangle P}}{|Z|}$$

线电流$I_{\triangle L}$等于相电流$I_{\triangle P}$的$\sqrt{3}$倍，即：

$$I_{\triangle L} = \sqrt{3}I_{\triangle P}$$

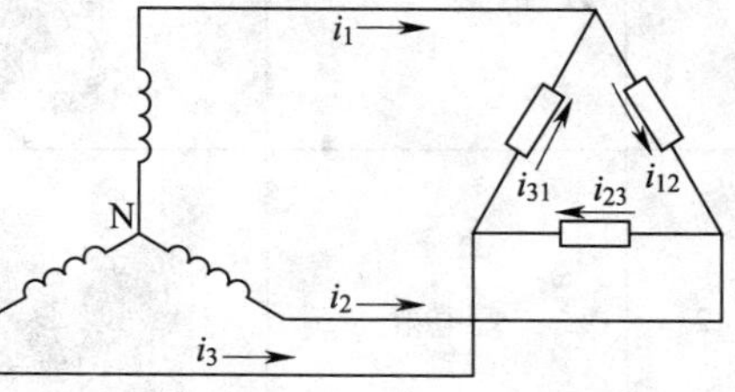

图6—2—2　三相负载的三角形连接

例6—2—2　在对称三相电路中，负载作△形连接，已知每相负载均为$|Z| = 50\ \Omega$，设线电压$U_L =$

380 V，试求各相电流和线电流。

解：在△连接负载中，相电压等于线电压，即 $U_{\triangle P}=U_L$，则相电流：

$$I_{\triangle P}=\frac{U_{\triangle P}}{|Z|}=\frac{380}{50}\ A=7.6\ A$$

线电流为：

$$I_{\triangle L}=\sqrt{3}I_{\triangle P}\approx 13.2\ A$$

例 6—2—3　三相发电机是星形连接，负载也是星形连接，发电机的相电压 $U_P=1\ 000\ V$，每相负载电阻均为 $R=50\ k\Omega$，$X_L=25\ k\Omega$。试求：（1）相电流；（2）线电流；（3）线电压。

解：
$$|Z|=\sqrt{R^2+X_L^2}=\sqrt{50^2+25^2}\ k\Omega=55.9\ k\Omega$$

（1）相电流

$$I_P=\frac{U_P}{|Z|}=\frac{1\ 000}{55.9}\ mA=17.9\ mA$$

（2）线电流

$$I_L=I_P=17.9\ mA$$

（3）线电压

$$U_L=\sqrt{3}U_P=1\ 732\ V$$

任务实施

一、实训目的

1. 能正确制订工具及材料清单。
2. 能进行实训室照明线路的安装及故障排除。

二、主要实训器材的认识（表 6—2—1）

表 6—2—1　　主要实训器材

序号	实训器材名称	图例	作用	备注
1	空气开关		电路保护，一旦出现短路事故就会断开电路	因为采用空气介质，所以叫作空气开关
2	配电箱		配电，内装空气开关	

续表

序号	实训器材名称	图例	作用	备注
3	锤子与电工用凿		凿孔、修剪	
4	线管		管内布线，绝缘保护作用	

三、实训内容

1. 现场勘查

（1）现场勘查的主要内容

1）施工现场的位置、楼层、相邻房间的用途。

2）施工现场的面积、高度。

3）施工现场有利于施工的因素和不利因素。

4）现场有哪些管道，是否与电管有交叉或并行，间距能否保证。

5）灯具的安装高度与房屋高度比较，决定灯具的吊装方式。

6）施工现场的墙体、地面结构。

（2）通过现场勘查需要明确的内容

1）确定配电箱、灯具、开关、插座的安装位置。

2）确定线管的走向（划线）——注意与其他管线的间距。

3）确定必要施工工具（开凿工具、登高工具等）。

4）确定线盒的位置、数量。

5）确定灯具的吊装方式。

6）确定施工中的安全措施及安全标识。

（3）通过现场勘查需要沟通的事项

1）适宜施工的时间。

2）施工过程中，对左邻右舍是否有影响。

3）是否与其他工程同期施工，如何解决交叉施工问题。

4）施工电源如何解决。

2. 制订施工方案

（1）材料清单（表6—2—2）

表6—2—2 **材料清单**

序号	材料名称	规格型号	数量	备注
1				
2				
3				
4				
5				
6				
7				
8				
9				
10				
11				
12				

（2）工具清单（表6—2—3）

表6—2—3 **工具清单**

序号	工具名称	备注	序号	工具名称	备注
1			6		
2			7		
3			8		
4			9		
5			10		

3. 现场施工

（1）电工用凿的选用（图6—2—3、图6—2—4）

（2）按照室内配线的一般工序进行施工

1）定位。按施工要求，在建筑物上确定出照明灯具、插座、配电装置、启动、控制设备等的实际位置，并注上记号。

图 6—2—3　锤子和凿子实物图

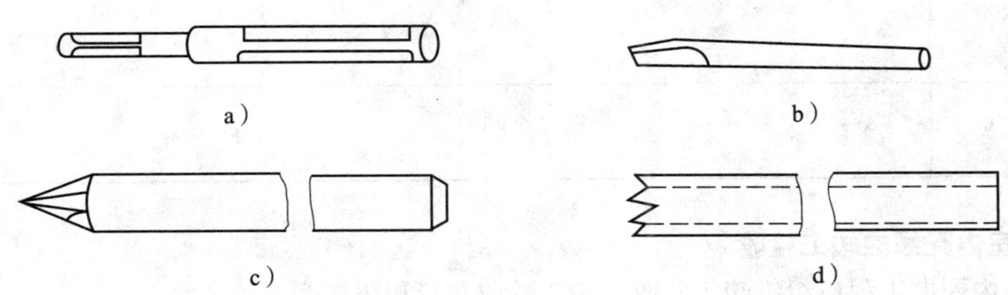

图 6—2—4　电工用凿

a）麻线凿　b）小扁凿　c）凿混凝土孔用长凿　d）凿砖墙孔用长凿

2）画线。在导线沿建筑物敷设的路径上，画出线路走向，确定绝缘支撑件固定点、穿墙孔、穿楼板孔的位置，并注明记号。

3）凿孔与预埋。按上述标注位置凿孔并预埋紧固件。

4）安装绝缘支撑件、线夹或线管。

5）敷设导线。

6）完成导线间连接、分支和封端，处理线头绝缘。

7）检查线路安装质量。检查线路外观质量、直流电阻和绝缘电阻是否符合要求，有无断路、短路。

8）完成线端与设备的连接。

9）通电试验，全面验收。

4. 室内配线竣工后的试验

（1）导线绝缘电阻的测试

测试前应先断开熔断器，用绝缘电阻表测量导线对地或两根导线间的绝缘电阻，其测量值不应小于 0.5 MΩ。

（2）配电装置绝缘电阻的测试

用绝缘电阻表测量配电装置的绝缘电阻，每一段的绝缘电阻值不应小于 0.5 MΩ。

5. 试送电试验

绝缘电阻试验达到要求后，可进行试送电试验。经试送电正常后，即可正式通电运行。

6. 故障检修

各组将遇到故障现象与处理方法填入表 6—2—4。

表 6—2—4　　故障现象与处理方法

故障现象	造成原因	处理方法

7. 室内配线的竣工验收

对室内配电工程应组织竣工验收，竣工验收包括以下项目：

（1）验收工程质量

检查工程施工与设计是否相符，工程材料和电气设备是否良好，施工方法是否恰当，质量标准是否符合各项规定，配线的连接处是否采取合理的连接方法，是否做到连接可靠，检查可能发生危害的处所等。

（2）验收工程的安全性

检查配线和各种管路的距离是否符合规定，与建筑物的距离是否符合规定，配线穿墙的瓷管是否移动，各连接触头的连接是否良好，电线管的接头及端头所装的护线箍是否有脱离的危险，所装设的电器和电气装置的容量是否合格等。

知识拓展

一、成品保护——培养质量意识、成品意识、协作意识

（1）剔槽不得过大、过深或过宽。预制梁柱和预应力楼板均不得随意剔槽打洞。混凝土楼板、墙等均不得断筋。

（2）在混凝土楼板上配管时，注意不要踩断钢筋，土建浇筑混凝土时，电工应留人看守，以免振捣时损坏配管或使盒、箱移位。当管路损坏时，应及时修复。

（3）吊顶内稳盒配管时，不要踩坏龙骨。严禁踩电线管行走。刷防锈漆不应污染墙面、吊顶和护墙板等。

（4）明配管路及电器具安装时，应保持顶棚、墙面及地面的清洁完整。搬运材料和使用登高机具时，不得碰坏门窗、墙面等。电器具安装完毕后，土建不能再喷浆。

（5）其他专业在施工中，应注意保护电气配管，严禁私自改动电线管和电气设备。

二、穿管导线线管管径适用范围（表6—2—5）

表6—2—5　　穿管导线线管管径适用范围

导线截面积（mm^2）	穿管导线根数及铁管的标称直径（内径，mm）					穿管导线根数及电线管的标称直径（外径，mm）				
	2	3	4	6	9	2	3	4	6	9
1	13	13	13	16	25	13	16	16	19	25
1.5	13	16	16	19	25	13	16	19	25	25
2.5	16	16	19	19	25	16	16	19	25	25
4	16	19	19	25	32	16	19	25	25	32
6	19	19	19	25	32	16	19	25	25	32
10	19	25	25	32	51	25	25	32	38	51
16	25	25	32	38	51	25	32	32	38	51
25	32	32	38	51	64	32	38	38	51	64
35	32	38	51	51	64	32	38	51	64	64
50	38	51	51	64	76	38	51	64	64	76

四、评价

评价考核分四个等级：A（90~100分）、B（75~89分）、C（60~74分）、D（0~59分）。

评　价　表

项目名称	评价内容	配分	评价分数		
			自评	互评	师评
职业素养考核项目（40%）	劳动防护用品穿戴整齐	6分			
	安全意识、责任意识、服从意识	6分			
	积极参加教学活动、按时完成任务	10分			
	团队合作、与人交流能力	6分			
	劳动纪律	6分			
	生产现场管理“6S”标准	6分			
专业能力考核项目（60%）	专业知识查找及时、准确	12分			
	操作符合规范	18分			
	操作熟练、工作效率	12分			
	成品的验收质量	18分			
总分					
总评	自评（20%）+互评（20%）+师评（60%）	综合等级	教师（签名）：		

学习任务七　套房照明线路的安装与检修

学习目标

1. 掌握住宅供电系统设计的基本要求。
2. 掌握套房电气线路设计的基本要求。
3. 能进行套房用电线路的安装与故障排除。

建议学时

40 学时

任务描述

公司业务部接到套房（两室一厅、一厨、一卫，毛坯房）安装配电线路的工程，要求暗敷，且线管已预埋，有施工图。工程部门下达照明电路的安装任务，工期为两天，任务完成后交付工程部验收。

工作流程与活动

学习活动 1　套房照明线路的认识
学习活动 2　套房照明线路的安装及故障排除

学习活动 1　套房照明线路的认识

学习目标

1. 掌握住宅供电系统设计的基本要求。
2. 掌握漏电保护器的工作原理及安装方法。

知识准备

一、住宅供电系统设计的基本安全要求

1. 每套住宅应设电能表，且每套住宅的用电负荷标准及电能表规格不应小于表 7—1—1 的规定。

表 7—1—1　　用电负荷标准及电能表规格

套型	用电负荷标准（kW）	电能表规格（A）
一类	2.5	5（20）
二类	2.5	5（20）
三类	4.0	10（40）
四类	4.0	10（40）

2．住宅供电系统设计应符合的基本安全要求

（1）应采用 TT、TN－C－S 或 TN－S 接地方式，并进行总等电位连接。

（2）电气线路应采用符合安全和防火要求的敷设方式配线，导线应采用铜线，每套住宅进户线截面不应小于 10 mm^2，分支回路截面不应小于 2.5 mm^2。

（3）每套住宅的空调电源插座、电源插座与照明应分路设计；厨房电源插座和卫生间电源插座宜设置独立回路。

（4）除空调电源插座外，其他电源插座电路应设置漏电保护装置。

（5）每套住宅应设置电源总断路器，并应采用可同时断开相线和中性线的开关电器。

（6）设洗浴设备的卫生间应采用等电位连接。

（7）每幢住宅的总电源进线断路器应具有漏电保护功能。

3．住宅的公共部位应设人工照明，除高层住宅的电梯厅和应急照明外，均应采用节能自熄开关。

4．电源插座的数量不应少于表 7—1—2 的规定。

表 7—1—2　　电源插座的设置数量

部　位	设置数量
卧室、厨房	一个单相三线和一个单相二线的插座两组
起居室（厅）	一个单相三线和一个单相二线的插座三组
卫生间	一个单相三线和一个单相二线的组合插座一组（均为防溅水型）
布置洗衣机、冰箱、排气装置和空调器等处	专用单相三线插座各一个

5．有线电视系统的线路应预埋到住宅套内，并应满足有线电视网的要求，一类住宅每套设一个终端插座，其他类住宅每套设两个。

6．电话通信线路应预埋管线到住宅套内。一类和二类住宅每套设一个电话终端出线口，三类和四类住宅每套设两个。

7．每套住宅宜预留门铃管路。高层和中高层住宅宜设楼宇对讲系统。

二、漏电保护器的工作原理

1．漏电保护器

漏电保护器是漏电电流动作保护的简称，是断路器的一个重要分支。主要用来防止人

身电击伤亡及因电气设备或线路漏电而引起的火灾事故。照明电路常用的 2P 断路器（带漏电保护器）如图 7—1—1 所示。

漏电保护器是在规定条件下，当漏电电流达到或超过给定值时，能自动断开电路的机械开关电器。实际上漏电保护器是在断路器内增设一套漏电保护元件而成，它除了具有漏电保护的功能外，还具有断路器的功能。漏电保护器在民用建筑中用得较多，广泛应用于中性点直接接地的低压电网线路中，如 TN－C－S、TN－S 系统。漏电保护器的工作原理如图 7—1—2 所示。

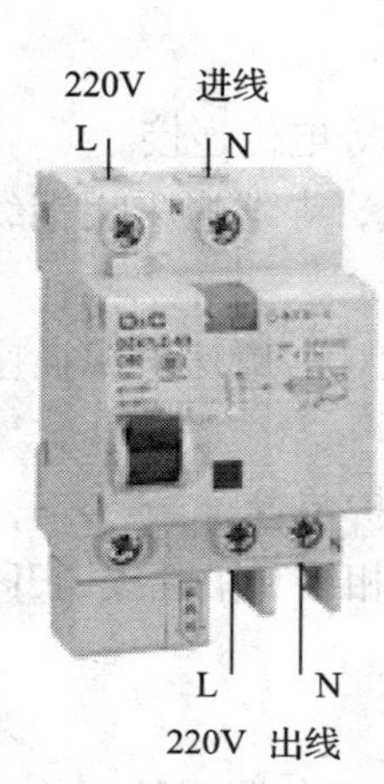

图 7—1—1　漏电保护器外形图

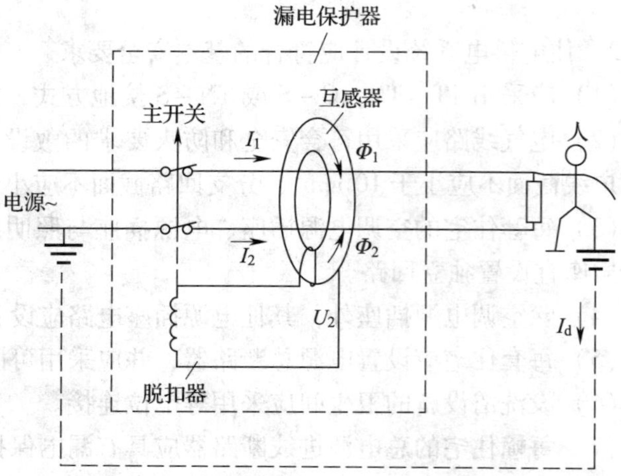

图 7—1—2　漏电保护器的工作原理

2. 漏电保护器的安装

（1）220 kV、110 kV、35 kV、主变部分，提供电源的检修电源箱、临时电源箱、移动式配电盘、插座等，均应安装漏电保护器。

（2）生活所用的电炒锅、电饭锅部分均应安装漏电保护器。

（3）应优先选用额定漏电动作电流不大于 30 mA 快速动作的漏电保护器。

（4）为了缩小切断电源时引起的停电范围而分级安装的漏电保护器，各级漏电保护器的额定漏电动作电流和动作时间应协调配合。

（5）安装在电源端的漏电保护器应采用低灵敏度延时型的漏电保护器。

（6）选用的漏电保护器的技术条件应符合《剩余电流动作保护电器的一般要求》（GB/Z 6829—2008）的有关规定，并具有国家认证标志，其技术额定值应与被保护线路或设备的技术参数相配合。

（7）在金属物件上工作，操作手持式电动工具或行灯时，应选用额定漏电动作电流为 10 mA、快速动作的漏电保护器。

（8）漏电保护器的安装应符合生产厂商产品说明书的要求。

（9）漏电保护器的安装应充分考虑供电线路、供电方式、供电电压及系统接地型式。

（10）漏电保护器的额定电压、额定电流、短路分断能力、额定漏电动作电流、分断时间应满足被保护供电线路和电气设备的要求。

（11）漏电保护器的安装接线应正确，安装后应操作试验按钮，检验漏电保护器的工作特性，确认正常动作后才允许投入使用。

（12）漏电保护器安装后的检验项目

1）用试验按钮试验三次，应正确动作。

2）带负荷分合开关三次，均应正常动作。

（13）漏电保护器的安装必须由技术培训考核合格的电工负责进行。

学习活动2　套房照明线路的安装及故障排除

学习目标

1. 掌握套房电气线路设计的基本要求。
2. 掌握灯具、开关、插座、电能表等的安装要求。
3. 能进行套房用电线路的安装及故障排除。

知识准备

一、套房电气线路设计及安装

1. 导线的选择

导线的选择要根据住户用电负荷的大小而定，应满足供电能力和供电质量的要求，并满足防火的要求。用电设备的负荷电流不能超过导线额定安全载流量。一般每户住宅的用电量在 4～10 kW 的水平，每户进户线宜采用截面积为 10 mm^2 的铜芯绝缘线，分支回路导线应为截面积不小于2.5 mm^2 的铜芯绝缘导线，对特殊用户则应特别配线。为使所有的用电装置都能够可靠接地，应将接地线引入每户居民住宅，接地线应采用不小于2.5 mm^2 的铜芯绝缘线。在房屋装修中，所有线路都应采用铜芯绝缘线穿管暗敷设方式。特别需要注意的一点是，许多住户在装修时将室内的线路、开关等都更换一新并加大容量，而往往却忽略了进户线，这将影响居室的供电能力并带来不安全的因素。

2. 室内布线

室内布线不仅要安全可靠地输送电能，而且要布置整齐、安装合理、固定牢靠，符合相关技术规范的要求。内线工程的开展，应以不降低建筑物的强度且不影响建筑物的美观为前提。室内布线的施工设计要对给排水管道、热力管道、风管道以及通信线路布线等位置关系给予充分考虑。室内配线技术要求：

（1）室内布线根据绝缘皮的颜色分清火线、中性线和地线。

（2）选用的绝缘导线，其额定电压应大于线路工作电压，导线的绝缘性应符合线路的安装方式和敷设的环境条件。

（3）配线时应尽量避免导线有接头。因为接头往往由于工艺不良等原因，使接触电阻太大，发热量较大而引起事故。必须有接头时，可采用压接和焊接，务必使其接触良好，不应松动，接头处不应受到机械力的作用。

（4）当导线互相交叉时，为避免碰线，在每根导线上应套上塑料管或绝缘管，并需将套管固定。

（5）若导线所穿的管为钢管，则钢管应接地。当几个回路的导线穿同一根管时，管内的绝缘导线数不得多于 8 根。穿管敷设的绝缘导线的绝缘电压等级不应小于 500 V，穿管导线的总截面积（包括外护套）应不大于管内净面积的 40%。

3. 灯具的设计及安装

（1）灯具的高度。室内灯具悬挂高度要适当，如果悬挂过高，不利于维修，而且降低了照度；如果悬挂过低，会产生眩光，降低人的视力，而且容易与人碰撞，不安全。灯具悬挂的高度应满足：便于维护管理，保证电气安全，限制直接眩光，与建筑尺寸配合，提高经济性。

（2）灯具布置前，应先了解建筑的高度及是否做吊顶等问题。灯具的基本功能是提供照明，在设计中应注意：荧光灯比白炽灯光照度高，直接照明比间接照明灯具效率高，吸顶安装比嵌入安装灯具效率高。灯具遮光材料的透射率及老化问题也应在设计考虑范围之内。选择光效高、使用寿命长、功率因数高的光源、高效率的灯具，以及合理的安装使用方法，可以保证照度并节约用电。

（3）灯具现一般推荐采用节能电灯，如稀土荧光灯、三基色高效细荧光灯、紧凑型荧光灯（双 D 型、H 型）、小容量卤钨灯等。灯具的选择视具体房间功能而定。如起居室、卧室可用升降灯，也可设置一般照明灯、饰台灯、壁灯、落地灯等。厨房的灯具应选用玻璃或陶瓷制品灯罩，配以防潮灯口，并且宜与餐厅用的照明光显色一致。浴室灯应选用防潮灯口的防爆灯，卫生间、浴室的灯具应采用防潮防水型面板开关。

（4）安装灯具时，若安装高度低于 2.4 m，金属灯具应做接零或接地保护，开关距门框 0.15 ~ 0.2 m，灯头距离易燃物不得小于 0.3 m；在潮湿、有腐蚀性气体的场所，应采用防潮、防爆、防雨的灯头和开关；灯具安装时应牢固可靠，灯具质量超过 1 kg 时，要加装金属吊链或预埋吊钩；灯架和管内的导线不应有接头；灯具配件应齐全，灯具的各种金属配件应进行防腐处理。

4. 开关的设计及安装

安装开关时，应注意开关的额定电压与供电电压是否相符，开关的额定电流应大于所控制灯具的额定电流，开关结构应适应安装场所的环境。明装时可选用拉线开关，拉线开关距地 2.8 m，拉线可采用绝缘绳，长度不应小于 1.5 m；成排安装开关时，高度应一致；开关位置与灯位相对应，同一室内开关的开、闭方向应一致；开关应串联在通往灯头的相线上；安装开关时，无论明装还是暗装，均应安装成往下扳动接通电源，往上扳动切断电源。

5. 插座的设计及安装

（1）安装插座时，应注意插座的额定电压必须与受电电压相符，额定电流大于所控电器的额定电流；插座的型号应根据所控电器的防触电类别来选用；双孔插座应水平并列安装，不可以垂直安装，三孔或四孔插座的接地孔应置于顶部，不许倒装或横装；一般居室、学校，明装插座高度不应低于 1.8 m，车间和实验室距地距离则不应低于 0.3 m。

（2）插座宜固定安装，切忌吊挂使用。插座吊挂会使电线受摆动，造成压线螺钉松动，并使插头与插座接触不良。对于单相双线或三线的插座，接线时必须按照左接中性线、右接相（火）线、上接地线的方法进行，与所有家用电器的三线插头配合。

（3）布置插座要充分考虑家庭现有的和未来5~10年可能要添置的家用电器，尽可能多安排一些插座，避免因后期发现插座不够用而重新改造电气线路，将发生电气事故隐患的概率降到最低。同时，住宅内的插座应全部设置为安全型插座，在厨房、卫生间等比较潮湿的地方应加上防潮盖。

（4）客厅、卧室、厨房、餐厅、卫生间插座的安装高度及容量选择

1）客厅。客厅插座底边距地1.0 m较为合适，既使用方便，也能与墙裙装修协调，即使有的住户不搞墙裙装修，也能保持统一。小于20 m^2的客厅，空调机一般采用壁挂式，空调机插座底边距地为1.8 m；如客厅大于20 m^2，多采用柜机，插座高度为1.0 m。客厅插座的容量选择方法是：壁挂式空调机选用10 A三孔插座，柜式空调机选用16 A三孔插座，其余选用10 A的多用插座。

2）卧室。住户在卧室装修中，用装饰板搞墙裙的比较少，故建议空调电源插座底边距地为1.8 m，其余强、弱电插座底边距地0.3 m。空调机电源选用10 A三孔插座，其余选用10 A两孔或三孔多用插座。

3）厨房。厨房是人们制作饭菜的地方，家用电器比较多，主要有冰箱、电饭煲、排气扇、消毒柜、电烤箱、微波炉、洗碗机、壁挂式电话机等。根据给排水设计图及建筑厨房布置大样图，确定污水池、炉台及切菜台的位置。在炉台侧面布置一组多用插座，供排气扇用；在切菜台上方及其他位置均匀布置6组三孔插座，容量均为10 A；厨房门边布置电话插座一个；以上插座底边距地均为1.4 m。

4）餐厅。餐厅是人们吃饭的地方，家用电器很少。冬天有电火锅，夏天有落地风扇等，沿墙均匀布置两组（两孔或三孔）多用插座即可，底边安装高度距地0.3 m，容量为10 A。装一个电话插座，底边安装高度距地1.4 m。

5）卫生间。卫生间是人们洗澡、方便的地方，家用电器有排气扇、电热水器等。布置一个10 A多用插座供排气扇用，一个16 A三孔插座供电热水器用，底边距地均为1.8 m。插座尽量远离淋浴器，且必须采用防溅型插座。

二、单相电能表的安装

1. 电能表的作用、种类及接线

（1）电能表也称为电度表，专门用来测量电能，是一种能将电能累计起来的积算式仪表。

（2）根据工作原理，可分为感应式电能表、磁电式电能表、电子式电能表等。电能表原理接线图如图7—2—1所示。

（3）电能表的正确使用方法。单相电能的测量应使用单相电能表，其接线如图7—2—2所示。正确的接法是：电源的相线（火线）从电能表的1号端子进入电流线圈，从2号端子引出，接负载；中性线（零线）从3号端子引入，从4号端子引出。

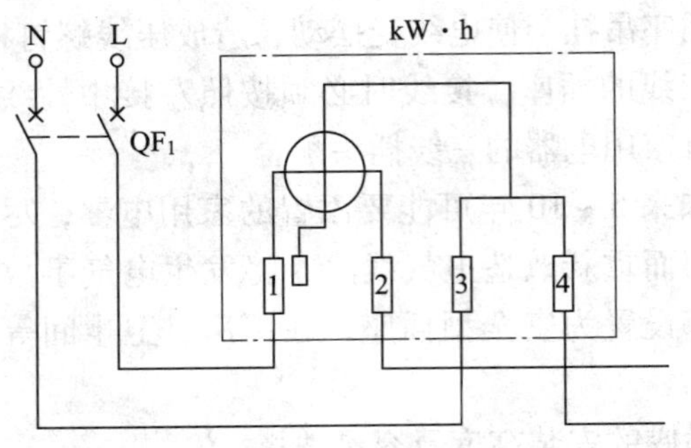

图 7—2—1　电能表原理接线图

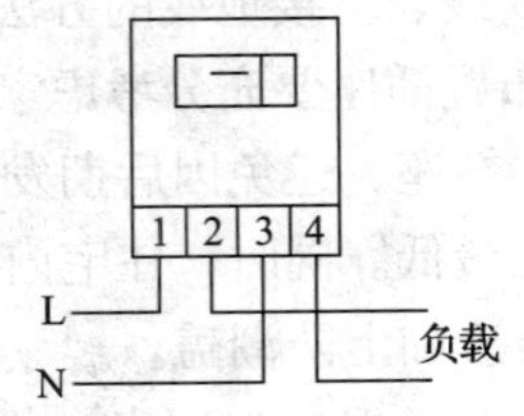

图 7—2—2　单相电能表接线

2. 电能表的安装技术要求

(1) 电能表应安装在涂有防潮漆的木制底盘或塑料底盘上，在盘的凸面上，用木螺钉或机制螺钉固定电能表。电源引入线和引出线可通过盘的背面（凹面）穿至盘的正面后进行接线，也可以在盘面上走明线，并固定整齐。

(2) 电能表不得安装过高，一般距地面 1.8 ~2.2 m。

(3) 电能表的安装不要倾斜，其垂直方向的偏移不得大于1°，否则会增大计量误差。

(4) 电能表应安装在室内，如走廊、门厅、屋檐下，切忌安装在厕所、厨房等潮湿或有腐蚀性气体的地方。电能表周围的环境应干燥、通风，安装应牢固、无振动；其环境温度应在 -10 ~ +50℃的范围内，温度过低或过高均会影响其准确性。

(5) 电能表的进出线应使用铜芯绝缘线，芯线截面积不得小于 1 mm^2。接线要牢固，但不可焊接，裸露的线头部分不可露出接线盒。

(6) 如需并列安装多只电能表，两表之间的距离不得小于 200 mm。

任务实施

一、实训目的

能完成套房照明线路的安装及故障排除。

二、主要实训器材的认识

照明灯具、插座、常用导线等。

三、实训内容

1. 节能灯的安装

电子节能灯是指将荧光灯与镇流器组合成一个整体的照明设备。节能灯的尺寸与白炽灯相近，与灯座的接口也和白炽灯相同，所以可以直接替换白炽灯。节能灯主要由“上部灯头结构”以及“底部灯管结构”组成，在该结合结构的内部设一节能电子镇流器。其特征是，在上结合结构部与节能电子镇流器的空间下方增设一隔板结构，在下结合结构部设一增长区段空腔结构，并在该段增长空腔结构外壁周围环设多数个通孔，用于多元隔热、分流、散热，确保节能灯的正常使用寿命。

节能灯因灯管外形不同，分为U形管、螺旋管和直管型三种，具体见表7—2—1。

表7—2—1　　节能灯分类

分类	说　明
U形管节能灯	管形有2U、3U、4U、5U、6U、8U等多种，功率为3～240 W等多种规格。2U、3U节能灯，管径9～14 mm，功率一般为3～36 W，主要用于民用和一般商业环境照明，在使用方式上用来直接替代白炽灯；4U、5U、6U、8U节能灯，管径12～21 mm，功率一般为45～240 W，主要用于工业、商业环境照明，在使用方式上，用来直接替代高压钠灯、T8直管型日光灯
螺旋管节能灯	螺旋灯管直径有ϕ9 mm、ϕ12 mm、ϕ14.5 mm、ϕ17 mm等 螺旋环圈数（用T表示）有2T、2.5T、3T、3.5T、4T、4.5T、5T等多种，功率有3～240 W等多种规格
直管型节能灯	T4、T5直管型节能灯：功率分为8 W、14 W、21 W、28 W，广泛应用于民用、工业、商业环境照明，可用来直接替代T8直管型日光灯

节能灯的功能特点如下：

（1）使用寿命长达8 000 h，光效相当普通灯泡的6倍。

（2）较普通日光灯节能70%～80%，低压快启，无频闪。

（3）采用纯三基色荧光粉灯管，使照明物体鲜艳清新。

（4）外观设计新颖，具有多项专利技术，支架采用铝合金材料，小巧美观，永不生锈，环保，阻燃，可直接取代白炽灯泡。

在安装节能灯时，除遵守前面的基本安装要求外，还应注意：

（1）节能灯的使用寿命和性能会受环境温度的影响，过高或过低的温度都不是节能灯理想的工作温度，加上节能灯本身存在发热元件，所以应将节能灯安装在通风良好的地方，以免因热量无法散发而使温度升高，影响节能灯的使用寿命和性能。

（2）某些大功率的节能灯体积和重量相对较大，在使用前应先选择好与之匹配的灯座和灯罩，同时留意灯座，特别是一些装饰性灯泡头数较多的吊灯，能否支撑节能灯的重量，如果发现灯座有松脱的现象，应立即进行更换或维修，以确保安全。

（3）安装或使用节能灯过程中需要拧紧或拿下节能灯时，应先将电源断开，然后拿住灯外壳的部位，而不是直接用手去握住灯管的部位，因为灯外壳一般是采用绝缘材料所制成的，另外，灯管在工作一段时间后必然会发热，直接用手去拿会影响灯的性能。

（4）目前市面上销售的节能灯大部分都不能用于调光电路，该警告应在说明书或包装上标示，因此，在使用前应特别注意说明书中对使用条件的限制提示；此外，由于节能灯中含有镇流器电路，因此，在需要频繁开、关光源的场所，最好不要使用节能灯。

2. 插座的安装

插座根据电源电压的不同，可分为三相四孔插座和单相三孔或二孔插座；根据安装形式的不同，又可分为明装式和暗装式两种，插座外形如图7—2—3所示。单相三孔插座安装的方法如图7—2—4所示。

图 7—2—3　插座的种类

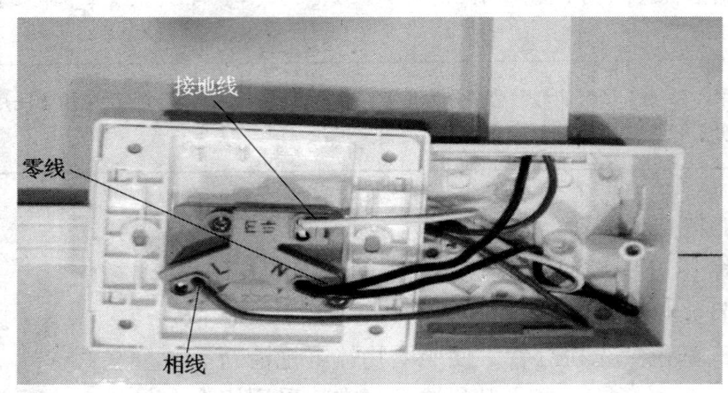

图 7—2—4　单相三孔插座的接线

根据单相插座的接线原则，即左零右相上接地，将导线分别接入插座的接线桩内。这里应注意接地线的颜色，根据标准规定接地线应是黄绿双色线。

3. 根据安装要求完成套房照明线路其他设备、导线等的安装。

小贴示

照明工程安装的一般要求

照明灯具按配线方式、房屋结构、环境条件及对照明的要求不同，分为吸顶式、壁式、嵌入式和悬吊式等。

不论采取何种方式，都必须遵守以下各项基本原则：

(1) 灯具安装的高度，室外一般不低于 3 m，室内一般不低于 2.5 m；如遇特殊情况不能满足要求时，可采取相应的保护措施或改用安全电压供电。

(2) 灯具安装应牢固，灯具质量超过 1 kg 时，必须固定在预埋的吊钩上。

(3) 灯具安装时不能因灯具自重而使导线受力。

(4) 灯架及管内不允许有接头。

(5) 导线的分支及连接处应便于检查。

(6) 导线在引入灯具处应有绝缘物保护，以免磨损导线的绝缘层，也不应使导线受力。

(7) 必须接地或接零的灯具外壳应有专门的接地螺栓和标志，并和接地以及接零良好连接。

(8) 室内照明开关一般安装在门边便于操作的位置，拉线开关一般应离地2~3 m，暗装翘板开关一般应离地1.3 m，与门框的距离一般为150~200 mm。

(9) 明装插座的安装高度一般应离地1.4 m（或与开关同高）；暗装插座一般应离地300 mm，同一场所暗装的插座高度应一致，其高度差一般不应大于5 mm，多个插座成排安装时其高度相差不应大于2 mm。

4. 故障检修

各组将遇到的故障现象与处理方法填入表7—2—2。

表7—2—2　故障现象与处理方法

故障现象	造成原因	处理方法

5. 按任务要求进行验收。

知识拓展

室内照明选择技巧

一、住宅照明

(1) 住宅照明宜选用以白炽灯、稀土节能荧光灯为主的照明光源。

(2) 住宅照明设计应使室内光环境实用和舒适。卧室和餐厅宜采用低色温的光源。

(3) 起居室的照明宜考虑多功能使用的要求，如设置一般照明、装饰照明、落地灯等，有时可在起居室设置调光装置，以满足不同功能的需要。

(4) 餐厅局部照明要采用悬挂式灯具，以突出餐桌的效果为目的，同时还要设置一般照明，使整个房间有一定程度的明亮度，显示出清洁感。

(5) 厨房的灯具应选用易于清洁的类型，如玻璃或搪瓷制品灯罩配以防潮灯口，并宜与餐厅用照明光源的显色性相一致或近似。

(6) 门厅是进入室内给人以最初印象的地方，因此要明亮，灯具的位置要考虑安置在进门处和深入室内的交界处，这样可避免在访者脸上出现阴影。

(7) 在门厅内的柜上或墙上设灯，会使门厅内产生宽阔感。

(8) 走廊内的照明应安置在房间的出入口、壁橱，特别是楼梯起步和方向性的位置。设置吊灯时，要使灯具下端距地面 1.9 m 以上。楼梯照明要明亮，避免危险。

(9) 卫生间需要明亮、柔和的光线，因卫生间内照明器开关频繁，所以选用白炽灯作光源较适宜。

(10) 卫生间的灯具位置应避免安装在便器或浴缸的上面及其背后。开关如为翘板式时宜设于卫生间门外，否则应采用防潮防水型面板或使用绝缘绳操作的拉线开关。

(11) 厕所内的照明灯具应安装在便器的前上方。

(12) 可分隔式住宅（公寓）单元的布灯和电源插座的设置，宜适应墙体任意分隔时的变化。可在顶棚上设置悬挂式插座，采用装饰性多功能线槽，或将照明灯具、电气装置与家具、墙体相结合。

(13) 高级住宅（公寓）中的方厅、通道和卫生间等，宜采用带有指示灯的翘板式开关。

(14) 为防范安全而设有监视器时，其功能宜与单元内通道照明灯和警铃联动。

(15) 公寓的楼梯灯应与楼层层数显示结合，公用照明灯可在管理室集中控制。高层住宅楼梯灯如选用定时开关，应有限流功能并在事故情况下强制转换至点亮状态。

(16) 每户内的一般照明与插座宜分开配线，在每户的分支回路上，除应装有过载、短路保护外，还应在插座回路中装设漏电保护和有过、欠电压保护功能的保护装置。

(17) 单身宿舍照明光源宜选用荧光灯，并宜垂直于外窗布灯。每室内插座不应少于两组。条件允许时，可采用限电器控制每室用电负荷或采取其他限电措施。在公共活动室亦应设有插座。

二、商业（大堂、门厅、四季厅）照明

(1) 光源应以主体装饰照明（装饰灯具，与装修结合的建筑照明）与一般功能照明结合设计，应满足功能的需要并体现装饰性。

(2) 总体照明要明亮，照度要均匀。光源以白炽灯、低压卤钨灯为主。照明方式应采用不显眼的下射式照明灯具（如筒灯、射灯等）。

(3) 应设置调光装备，或采用分路控制方式控制室内照明，以适应照明的变化(如白天与夜晚室内照度不同)。

(4) 大堂、四季厅等高大空间内可设置壁灯、地灯、台灯等照明，以改善顶部照明的不足，同时也可以丰富空间层次。

(5) 服务台的照明要亮一些，在厅堂中要醒目，所以局部照度要高于其他地方。

(6) 为了避免眩光，服务台的照明方式以让顾客看不到光源为宜。

(7) 楼梯的照明要以暗藏式为主，以避免眩光，但又要有足够的照度。可把光源设置在扶手下、台阶下或墙角处，对楼梯直接照明。

(8) 走廊的照明要亮些，照度应在75～150 lx之间。

(9) 走廊的灯具排列要均匀，以嵌入式安装为宜。光源应采用白炽灯。如果层高较大，可采用壁灯进行照明。

(10) 大堂内休息区域的照明不要太突出，并应避免眩光。光源可设置在台面上(如台灯)或用地灯。

(11) 标识的照明不应突出，以只照亮标识为目的，可选用射灯、灯箱等。

(12) 大堂、门厅或四季厅的照明，宜在总服务台或总控制室进行集中控制。主要楼层、楼梯、出入口、交通要道要设置应急照明灯。

三、多功能厅、餐厅、娱乐场所的照明

(1) 多功能厅的照明应采用多种照明组合设计的方式，同时采用调光装置，以满足不同功能和使用上的需要。灯光控制应在厅内和灯光控制室两地操作。

(2) 多功能厅内应设置足够的插座。

(3) 酒吧、咖啡厅、茶室等照明设计，宜采用低照度水平可调光，餐桌上可设烛台、台灯等局部低照度照明。但入口及收款台处的照度要高，以满足功能上的需要。

(4) 室内艺术装饰品的照度选择可根据下述原则：当装饰材料的反射系数大于80%时为300 lx；当反射系数在50%～80%时为300～750 lx。

(5) 屋顶旋转厅的照度，在观景时不宜低于0.5 lx。

四、客房的照明

(1) 客房灯具的设置，应少设吸顶灯、吊灯，按功能要求设置多种不同用途的灯，如床头灯、落地灯、台灯、壁灯、夜间灯等。光源以采用白炽灯为主。

(2) 床头的照明灯具要在就寝和看书时没有眩光和手影，而且要在伸手范围内能开关。

(3) 床头的照明灯具宜采用调光方式。客房的通道上宜设有备用照明。

(4) 客房照明应防止不舒适的眩光和光幕反射。设置在写字台上的灯具亮度不应大于510 cd/m^2，也不宜低于170 cd/m^2。

(5) 客房穿衣镜和卫生间内化妆镜的照明，灯具应安装在视野立体角60°以外，灯具亮度不宜大于2 100 cd/m^2，卫生间照明的控制宜设在卫生间门外。

(6) 客房的进门处宜设有切断除冰箱、通道灯以外的电源开关。

五、餐饮环境照明

(1) 餐饮环境中的照明设计，要创造出一种良好的气氛，光源和灯具的选择性很广，但要与室内环境风格协调统一。

（2）为使饭菜和饮料的颜色逼真，所以选用光源的显色性要好。

（3）在创造舒适的餐饮环境气氛上，白炽灯的运用多于荧光灯。

（4）桌上部和座位四周的局部照明，有助于创造出亲切的气氛。在餐厅设置调光器是必要的，餐厅内的前景照明可在100 lx左右，桌上照明要在300～750 lx。

（5）一般情况下，低照度时宜用低色温光源。随着照度变高，就有向白色光过渡的倾向。对照度水平高的照明设备，若用低色温光源，就会感到闷热。对照度低的环境，若用高色温的光源，就有青白的阴沉气氛。但是为了很好地看出饭菜和饮料的颜色，应选用显色指数高的光源。

（6）多功能宴会厅是为宴会和其他功能使用的大型可变化空间，所以在照明器选择上应采用二方或四方连续的具有装饰性的照明方式。为适应各种功能要求，可安装调光器。

（7）风味餐厅是为顾客提供具有地方特色菜肴的餐厅，相应的室内环境也应具有地方特色。在照明设计上可采用以下几种方法：采用具有民族特色的灯具；利用当地材料进行灯具设计；利用当地特殊的照明方法；照明与建筑装饰结合起来，以突出室内的特色装饰。

（8）特色餐厅、情调餐厅的室内环境不受菜肴特点所限，环境设计应考虑给人以某种感觉和气氛。为达到这种目的，照明可采用各种形式。

（9）快餐厅的照明可以多种多样，建筑化照明的各种照明灯具、装饰照明及广告照明等都可运用。但在设计时要考虑与环境及顾客心理相协调。一般快餐厅照明应采用简练而现代化的形式。

（10）酒吧间照明强度要适中。酒吧后面的工作区和陈列部分要求有较高的局部照明，以吸引人们的注意力并便于操作（照度在0～320 lx）。酒吧台下可设光槽对周围地面照亮，给人以安定感，室内环境要暗，这样可以利用照明形成趣味以创造不同个性。照明可用在餐桌上或装饰上，只有清洁工作时才需要较高的照明。

六、办公照明

（1）办公时间几乎都是白天，因此，人工照明应与天然采光结合设计而形成舒适的照明环境。

（2）办公室照明灯具宜采用荧光灯；办公室的一般照明宜设计在工作区的两侧，采用荧光灯时宜使灯具纵轴与水平视线平行。不宜将灯具布置在工作位置的正前方。

（3）在难于确定工作位置时，可选用发光面积大、亮度低的双向蝙蝠翼式配光灯具。

（4）在有计算机终端设备的办公用房，应避免在屏幕上出现人和物（如灯具、家具、窗等）的映像。

（5）理想的办公环境应采用避免光反射的方法。

（6）经理办公室照明要考虑写字台的照度、会客空间的照度及必要的电气设备。

(7) 会议室照明要考虑会议桌上方的照明为主要照明，使人产生中心和集中的感觉，照度要合适，周围加设辅助照明。

七、书房灯具的配置

(1) 书房是供家庭人员读书学习的场所，应讲究灯光的局部照明效果。灯具的选择不仅应充分考虑到亮度，而且应考虑到外形的色彩和特征，以适合于书房平静、雅致的学习环境。一般工作和学习照明可采用局部照明的灯具，以功率较大的白炽灯为好。位置不一定在中央，可根据室内的具体情况来决定。灯具的造型、格调也不宜过于华丽，以典雅隽秀为好，以创造出阅读时所需要的安静、宁谧的环境。

(2) 写字台灯具的配置：台灯的选型应适应工作性质和学习需要，不宜选用有色玻璃漫射式或纱罩装饰性的工艺台灯，因为工艺台灯较少考虑照明功能，过多注重装饰效果。这里应选用带反射罩、下部开口的直射型台灯，也就是工作台灯或书写台灯，台灯的光源常用白炽灯和荧光灯。白炽灯显色指数比荧光灯高，而荧光灯发光效率比白炽灯高，它们各有优点，可按各人的需要或对灯具造型式样的爱好来选择，而节能新光源——H荧光灯，不仅兼有白炽灯与荧光灯的优点，并且外形设计新颖紧凑，节能效果显著，是台灯的最佳光源。

四、评价

评价考核分四个等级：A（90~100分）、B（75~89分）、C（60~74分）、D（0~59分）。

评　价　表

<table>
<tr><th rowspan="2">项目名称</th><th rowspan="2">评价内容</th><th rowspan="2">配分</th><th colspan="3">评价分数</th></tr>
<tr><th>自评</th><th>互评</th><th>师评</th></tr>
<tr><td rowspan="6">职业素养
考核项目
（40%）</td><td>劳动用品保护穿戴整齐</td><td>6分</td><td></td><td></td><td></td></tr>
<tr><td>安全意识、责任意识、服从意识</td><td>6分</td><td></td><td></td><td></td></tr>
<tr><td>积极参加教学活动、按时完成任务</td><td>10分</td><td></td><td></td><td></td></tr>
<tr><td>团队合作、与人交流能力</td><td>6分</td><td></td><td></td><td></td></tr>
<tr><td>劳动纪律</td><td>6分</td><td></td><td></td><td></td></tr>
<tr><td>生产现场管理“6S”标准</td><td>6分</td><td></td><td></td><td></td></tr>
<tr><td rowspan="4">专业能力
考核项目
（60%）</td><td>专业知识查找及时、准确</td><td>12分</td><td></td><td></td><td></td></tr>
<tr><td>操作符合规范</td><td>18分</td><td></td><td></td><td></td></tr>
<tr><td>操作熟练、工作效率</td><td>12分</td><td></td><td></td><td></td></tr>
<tr><td>成品的验收质量</td><td>18分</td><td></td><td></td><td></td></tr>
<tr><td colspan="3">总分</td><td></td><td></td><td></td></tr>
<tr><td>总评</td><td>自评（20%）+互评（20%）+师评（60%）</td><td>综合等级</td><td colspan="3">教师（签名）：</td></tr>
</table>

学习任务八　室外照明线路的安装与检修

学习目标

1. 了解常用室外照明设备的分类。
2. 掌握室外线路安装的相关标准。
3. 能按照作业规程，应用必要的标识和隔离措施，准备现场工作环境。
4. 能进行室外照明线路的安装及故障排除。

建议学时

40 学时

任务描述

某校校园（厂区、生活区）需要安装室外照明设施，维修电工班接到此照明线路安装任务，要求按照设计图样施工，按预定工期完成此项工作。

工作流程与活动

学习活动 1　室外照明线路的认识
学习活动 2　室外照明线路的安装及故障排除

学习活动 1　室外照明线路的认识

学习目标

1. 熟悉室外照明的分类。
2. 熟悉施工前的准备工作。
3. 掌握施工工艺标准。
4. 掌握材料的选用原则。

知识准备

一、室外照明分类

室外照明要求满足室外视觉工作需要，同时取得装饰效果。室外照明大致分为以下三类。

1．工业交通场地照明

主要指码头、火车站、货运场地、装卸货站、飞机场、仓库区、公共工程和建筑工地等场所的照明，要求保证夜间安全和有效地工作。要求装置照明设备的工业交通场地，就光分布而言可分为两种：一种是要求有良好的水平（面）照度的场地，主要装设照明功能较好的吊灯，其安装原则遵循水平（面）照度的场地照明装置安装原则；另一种是要求有较高的垂直（面）照度的场地，可在大间距的立柱或高塔上装设泛光灯（见照明灯具），其安装原则遵循垂直（面）照度的场地照明装置安装原则。

2．体育场地照明

主要指各种运动场地（如足球场、网球场、射击场、高尔夫球场等）的照明。选择照明设备时，应对各种运动的视觉要求进行具体分析。例如，射击场，对射靶的照度要求很高，同时为了安全，在发射地点和靶之间需要有光线柔和的一般照明。在大运动场中，观众和运动员之间距离较大，需要较高的照度。网球场地观众虽不多，但因比赛中网球的运动速度快，要求照度也高。此外，选用的灯光设备不可产生分散注意力的频闪效应。四周设有看台的体育场普遍采用四个高塔上安装照明设备的方法，这种方法可避免眩光，但成本较高。规模较小的体育场普遍采用成本较低的侧照灯，可沿场地两侧安装 8 个高 12 ~ 20 m 的灯塔。体育场地的照明光源宜采用金属卤化物灯。

3．道路照明

在道路上设置照明器，是为在夜间给车辆和行人提供必要的能见度。道路照明可以改善交通条件，减轻驾驶员疲劳，并有利于提高道路通行能力和保证交通安全，此外，还可美化市容。

二、施工准备工作

以某景观照明工程施工准备工作为例进行介绍。

（1）工程已准备开工，则立刻组织人员进场就位，组建项目经理部，开展施工管理工作。

（2）由专业技术负责人和技术员认真研究图样，编制安装施工方案。

（3）组织所有管理人员和施工人员熟悉图样，认真学习施工方案。

（4）组织所有管理人员和施工人员进行安全、技术培训。

（5）在正式施工前，所有参与施工的各个专业的技术负责人和施工负责人在设计人员的组织下，进行图样会审。

（6）简单部位的施工由技术人员对施工人员进行口头技术交底；复杂部位的施工，技术人员要书面技术交底，并在现场指导；关键部位的施工要求技术人员与施工人员共同完成，设计人员和专业技术负责人必须在场指导。

（7）进场后即进行放线定位工作，为尽早开展施工做好准备。

（8）在项目经理的组织下，对进场的管理人员和操作人员进行安全、文明、环保教育，并做好记录。

（9）及时组织编制材料计划，组织加工设备及管线等材料进场，保证各项施工按时进行。

（10）及时进行现场临时设施及临水、临电的布设和安装工作。

（11）制订各种详细的实施计划和施工方案。

（12）进行劳动力的组织到位工作，工程施工人员准备进场工作。

（13）材料准备

1）原材料必须保证质量，订货时选择正规厂家名牌产品，并核对其生产许可证、质量检验报告、认证证书。

2）材料进场时，核对品牌、规格、数量、质量，对其进行抽验，安装前逐一检查，确保质量。对不合格产品，一旦发现立即用合格产品替换，并将不合格产品另行码放，做好标记和记录。

小贴士

一、电线、电缆连接、穿塑料管暗敷设主要机具

弯管弹簧、剪管器、开孔器、热风机、电炉、弯管器（图8—1—1和图8—1—2）、套丝板、套丝机等。

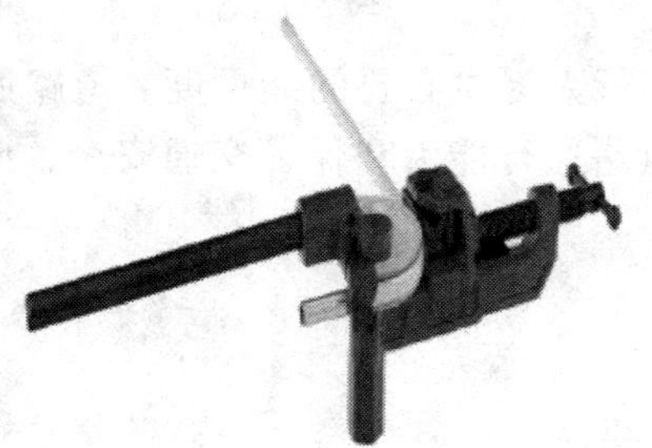

图8—1—1　手动弯管器

图8—1—2　万能弯管器

二、配电箱安装主要机具

（1）吊装机具：汽车、叉车、卷扬机、手动葫芦、滑轮、钢钎、千斤顶、吊装龙门架、钢丝绳、麻绳索具等。

（2）测试检验工具：兆欧表、万用表、钳形表、接地电阻测试仪、水平仪、验电器、钢卷尺、钢直尺、线坠等。

（3）安装工具：台钻、手电钻、电锤、开孔器、砂轮机、电焊机、气焊设备、台钳、锉刀、钢锯、扳手、榔头、压接钳、电烙铁、喷灯、锡锅及其他电工工具等。

（4）防护用具：安全帽、绝缘靴、绝缘手套、灭火器等。

三、开关、插座安装主要机具

（1）电工组合工具、电钻、电锤等。

（2）高凳、人字梯、电烙铁、卷尺、角尺、尺杆、水平尺、线坠等。

(3) 兆欧表、万用表等。

四、人工接地装置安装主要机具

(1) 常用电工工具、交流电焊机、气焊设备、摇臂台钻、电钻、电锤、力矩扳手、压线钳、钢锯及钢锯条等。

(2) 接地电阻测试仪、大锤、人字梯等。

五、等电位连接主要机具

(1) 电工工具、压线钳、焊接设备、台钻、手电钻、电锤、行灯变压器、钢锯等。

(2) 接地电阻测试仪、钢卷尺、交流电压表、交流电流表等。

六、裸母线、封闭母线、插接式母线安装主要机具

(1) 手动工具：母线煨弯器、木锤、力矩扳手。

(2) 电动工具：电（气）焊工具、母线矫正机、切割机、液压煨弯器。

三、电杆上路灯安装施工工艺标准

(1) 所采用的设备、器材及材料应符合国家现行技术标准的规定，并应有产品质量合格证，设备应有铭牌。

(2) 配件应齐全，无机械损伤、变形、油漆剥落、灯罩破裂等现象。

(3) 灯头线截面不应小于：铜线 1.5 mm^2；铝线 2.5 mm^2。

(4) 针式绝缘子瓷件与铁件应结合紧密，铁件镀锌良好；瓷釉光滑，无裂纹、缺釉、斑点、烧痕、气泡或瓷釉烧坏等缺陷。严禁使用硫黄浇灌的绝缘子。

(5) 绝缘导线不应有扭绞、死弯、断裂及绝缘层破损等缺陷。引下线截面不应小于：铜线 1.5 mm^2；铝线 2.5 mm^2；额定电压不应低于 500 V。

(6) 灯架、抱箍表面应光洁，无裂纹、毛刺、飞边、砂眼、气泡等缺陷。应热镀锌，遇有局部锌皮剥落者，应除锈后涂刷红樟丹及油漆。

(7) 螺栓表面不应有裂纹、砂眼、锌皮剥落及锈蚀等现象，螺栓与螺母应配合良好。金属上的各种连接螺栓应有防松装置，采用的防松装置应镀锌良好、弹力合适、厚度符合规定。

(8) 按设计要求测出灯具（灯架）安装高度，在电杆上划出标记。将灯架、灯具吊上电杆（较重的灯架、灯具可使用滑轮、大绳吊上电杆），穿好抱箍或螺栓，按设计要求找好照射角度，找好平正度后，将灯架紧固好。成排安装的灯具其仰角应保持一致，排列整齐。

(9) 每套灯具的相线应装有熔断器，且相线应接螺口灯头的中心端子。导线进出灯架处应套软塑料管，并做防水弯。

(10) 全部安装工作完毕后，应送电试灯，并进一步调整灯具的照射角度。

(11) 电杆坑、拉线坑的深度允许偏差，应不深于设计坑深 100 mm、不浅于设计坑

深50 mm。

（12）变压器中性点应与接地装置引出干线直接连接，接地装置的接地电阻值必须符合设计要求。

（13）杆上变压器和高压绝缘子、高压隔离开关、跌落式熔断器、避雷器等必须按相关标准交接试验合格。

（14）杆上低压配电箱的电气装置和馈电线路交接试验应符合下列规定：每路配电开关及保护装置的规格、型号应符合设计要求；相间和相对地间的绝缘电阻值应大于0.5 MΩ；电气装置的交流工频耐压试验电压为1 kV，当绝缘电阻值大于10 MΩ时，可采用2 500 V兆欧表摇测替代，试验持续时间1 min，无击穿闪络现象。

（15）立柱式路灯、落地式路灯、特种园艺灯等灯具应基础固定可靠，地脚螺栓备帽齐全。灯具的接线盒或熔断器盒，盒盖的防水密封垫完整。金属立柱及灯具可接近裸露导体接地（PE）或接零（PEN）可靠。接地线单设干线，干线沿庭院灯布置位置形成环网状，且不少于两处与接地装置引出线连接。由干线引出支线与金属立柱及灯具的接地端子连接，且有标识。

（16）杆上电气设备安装应符合下列规定：固定电气设备的支架、紧固件为热浸镀锌制品，紧固件及防松零件齐全；变压器油位正常，附件齐全，无渗油现象，外壳涂层完整；跌落式熔断器安装的相间距离不小于500 mm；熔管试操动能自然打开旋下；杆上隔离开关分、合操动灵活，操动机构机械锁定可靠，分、合时三相同期性好，分闸后，刀片与静触头间空气间隙距离不小于200 mm，地面操作杆的接地（PE）可靠，且有标识；杆上避雷器排列整齐，相间距离不小于350 mm，电源侧引线铜线截面积不小于16 mm^2，铝线截面积不小于25 mm^2，接地侧引线铜线截面积不小于25 mm^2，铝线截面积不小于35 mm^2，与接地装置引出线连接可靠。

四、材料的选择

1. 镀锌钢管（或电线管）

壁厚均匀，焊缝均匀，无劈裂、砂眼、棱刺和凹扁现象。除镀锌钢管外，其他管材需预先除锈刷防腐漆（埋入现浇混凝土时，可不刷防腐漆，但应除锈）。镀锌钢管或刷过防腐漆的钢管外表层完整，无剥落现象，应具有产品材质单和合格证。

2. 管箍使用通丝管箍

丝扣清晰不乱扣，镀锌层完整无剥落、劈裂，两端光滑无毛刺，并有产品合格证。

3. 锁紧螺母（根母）

外形完好无损，丝扣清晰，并有产品合格证。

4. 护口

用于区别薄、厚管，护口要完整无损，并有产品合格证。

5. 铁制灯头盒、开关盒、接线盒等

金属板厚度应不小于1.2 mm，镀锌层无剥落，无变形开焊，敲落孔完整无缺，面板安装孔与地线焊接脚齐全，并有产品合格证。

6. 面板、盖板

规格（高与宽）、安装孔距应与所用盒配套，外形完整无损，板面颜色均匀一致，并有产品合格证。

7. 圆钢、扁钢、角钢

材质应符合国家有关规范要求，镀锌层完整无损，并有产品合格证。

8. 螺栓、螺钉、胀管螺栓、螺母、垫圈

采用镀锌件。

9. 其他材料（如铅丝、电焊条、防锈漆、水泥、机油等）

无过期变质现象。

小贴示

安全防范措施

（1）设备安装完毕暂时不能送电运行的变配电室、控制室应门窗封闭，设置保安人员，注意土建、装饰施工影响，防止室内受潮和成品被破坏。

（2）对配电箱保护接地的电阻值、PE 线和 PEN 线的规格以及中性线重复接地应认真核对，要求标识明显，连接可靠。

（3）高空作业注意高空防护，防止高空坠落物体。

（4）施工现场根据需要应配备必要的消防器材，电、气焊及金属切割时，应防火防爆炸，加强劳动保护。

（5）登高作业应注意安全，人字梯应有防滑措施。

（6）严禁两人在同一梯子上作业。

（7）施工现场应做到工完场清，灯具外包装及保护用泡沫塑料应收集起来集中处理，严禁焚烧。

（8）正确佩戴个人防护用品。

（9）严禁带电作业。

（10）安装的成品、半成品应采取必要的保护措施，防止交叉施工造成破坏。

（11）电缆敷设的施工人员，应穿长袖上衣和长裤，戴手套，穿防钉鞋。电缆敷设前，应根据电缆敷设工艺编制安全技术措施，经主管部门批准后方可执行。

（12）电气外露的导体必须可靠接地，防止设备漏电或运行中产生静电火花伤人。

（13）电气施工、调试人员应按有关要求持证上岗。

（14）电气工作人员应熟练掌握触电急救法。

（15）通电试运操作，应由两人或两人以上共同进行，一人操作，一人监护。试运通电区域应设围栏或警告牌，非操作人员禁止入内。

学习活动 2　室外照明线路的安装及故障排除

学习目标

1. 了解室外常用照明设备。
2. 熟悉雷电防护相关知识。
3. 能按照作业规程，应用必要的标识和隔离措施，准备现场工作环境。
4. 能进行室外照明线路的安装及故障排除。

知识准备

一、常用室外照明设备

1. 落地式景观照明灯具

金属构架接地（PE）可靠，且有标识，如图 8—2—1 所示。金属立柱灯具钢柱内设有专用接地螺栓，接地可靠且有标识。

图 8—2—1　落地式景观照明灯具金属构架的接地

2. 电缆敷设

金属电缆支架、电缆导管必须接地（PE）或接零（PEN）可靠，如图 8—2—2 所示。

图 8—2—2　金属电缆支架、电缆导管

（1）电缆沟内电缆敷设在电缆支架上，排列整齐无交叉。
（2）沟内采用镀锌圆钢与电缆支架可靠连接接地。

小贴士

户外灯的分类：高杆灯、路灯、庭院灯、景观灯、单臂灯、双臂灯、组合灯、草坪灯、广场灯、地埋灯、LED、泛光灯、投光灯、礼花灯、太阳能路灯等。部分灯如图8—2—3～图8—2—5所示。

图8—2—3　高杆灯

图8—2—4　地埋灯

图8—2—5　草坪灯

二、雷电的认知

1. 过电压的危害

（1）危及系统、设备安全

过电压使绝缘遭到破坏，从而导致系统电气元件、用电设备损坏。对于供配电系统来说，过电压除了击穿绝缘造成短路以外，还可能因工频电压升高使照明或电热设备发热功率增大而烧坏设备，或使电动机、变压器等设备铁芯磁通密度增大，导致铁损增大而烧坏设备，也可能因短时脉冲过电压而使电子元器件及设备损坏。

（2）危及人身安全

过电压对设备或建筑物均可能产生严重的破坏，并由此带来火灾等十分严重的后果。这种后果危害人身安全，且大多发生在非电气专业场所，事故造成的损失往往远大于在专业场所发生的同类故障。因此，对于这种状况更应做好防范。

2. 过电压的分类

电动机、变压器、输配电线路和开关设备等的对地绝缘，在正常工作时只承受相电压。当由于某些原因，电网的电磁能量发生突变，就会造成设备对地电压或匝间电压异常升高，产生过电压。

过电压分为雷电过电压和内部过电压。雷云直接对地面某物体（电气设备或建筑物）放电，或雷电感应而引起的过电压，统称为雷电过电压或大气过电压或外部过电压。这种过电压在供电系统中占的比重极大，它不仅对系统中的电气设备造成危害，而且对建筑物造成危害。雷电过电压具有脉冲特性，持续时间一般只有几十微秒，其幅值取决于雷电参数和防雷措施，与系统的额定电压参数无直接关系。雷电过电压又分为感应雷过电压、侵入波过电压和雷击电磁脉冲。

而由于系统的操作、故障和某些不正常运行状态，使供配电系统电磁能量发生转换而产生的过电压，称为内部过电压。内部过电压的持续时间与过电压的类别有关，短的如操作过电压，其持续时间一般为毫秒级，长的如谐振过电压可持续存在。常见的内部过电压有操作过电压和谐振过电压。

3. 雷电过电压的防护方法

雷电过电压的防护应从以下两个方面入手：一是尽量减少雷电过电压发生的可能；二是一旦产生了雷电过电压，应采取措施尽量限制过电压的危害程度。

（1）雷电直击的防护，采用直击雷防护装置来保护供配电设施和建筑物免受直接雷击。这类措施的目的是避免直击雷过电压。

（2）雷电过电压的防护，采用避雷器、并联电容器等来限制和降低由于直击雷过电压和感应雷过电压造成的雷电侵入波过电压的幅值和陡度。这类措施的目的是避免过电压对被保护物的危害，或减轻其危害程度。

4. 雷云放电过程及雷电特性

要对雷电过电压进行防护，首先应对导致雷电过电压的雷电以及雷电的特性参数有所了解。

（1）雷云放电过程

雷电放电是由带电的雷云引起的。关于雷云中电荷的形成，有各种学说，目前尚未获得比较满意的一致性认识。一般认为，雷云是在有利的大气和大地条件下，由强大的潮湿的热气流不断上升，进入稀薄的大气层冷凝形成冰晶；在高空中冰晶和过冷的水滴相混合时，形成冰雾，冰晶带正电而冰雾带负电；冰晶被气流带到云顶的上部，形成带正电的雷云，而冰雾则形成带负电的雷云。雷云与雷云或雷云与大地之间构成一个巨大的电容器，当雷云中的电荷聚积到足够数量时，雷云对地之间或带正负电荷的雷云间就会发生强烈的放电现象。在放电初始阶段，由于空气产生强烈的游离，形成指向大地的一段导电通路，叫作雷电先导。雷电先导脉冲式地向地面发展，到达地面时，与地面异性电荷发生剧烈的中和，出现极大的电流并有雷鸣和闪电伴随出现，这就是主放电阶段。主放电存在的时间极短，为50～100 μs，其温度可达2 000℃，并使周围空气急剧加热，骤然膨胀而发生雷鸣。主放电电流可达数百上千安，是全部雷电流中的主要部分。主放电阶段结束后，雷云中的残余电荷经放电通道入地，称为放电的余辉阶段，持续时间为0.03～0.05 s，余辉电流不大于数百安。雷电流对地面波及物体有极大危害性，它能伤害人畜、击毁建筑物，造成火灾，并使电气设备绝缘受到破坏，影响供电系统的安全运行。

（2）雷电的特性参数

雷云放电具有很高的电压幅值和电流幅值。通常可能测量的是雷电流幅值及其增长变化速度（也称为雷电流陡度）这两个参数，掌握了这两个参数就能够计算雷电过电压并采取相应的防雷保护措施。但雷电活动是大自然的气象变化形成的，各次雷云的放电条件不同，随机性很强，其参数只能通过多次观测所得的统计数字来表示。描述雷电的特性参数主要有雷电流幅值、雷电流波形、雷暴日、地面落雷密度等。

5. 接地和接地装置

（1）接地的概念

电气设备的任何部分与土壤间作良好的电气连接称为接地。直接与土壤接触的金属导体称为接地体或接地极。连接于电气设备接地部分与接地体间的金属导线称为接地线。接地体可分为人工接地体和自然接地体，人工接地体是指专门为接地而装设的接地体，自然接地体是指兼作接地体用的直接与大地接触的各种金属构件、金属管道及建筑物的钢筋混凝土基础等。接地体和接地线组成的总体称为接地装置。

（2）接地装置的散流场

当由于某种原因有电流流入接地体时，电流就通过接地体向大地作半球形散开，这一电流称为接地电流，接地电流流散的范围称为散流场。接地装置的对地电压与接地电流之比为接地电阻。实验表明，离接地体越远，土壤导电面积越大，电阻就越小。在距25 m长的单根接地体20 m处，导电半球形面积可达2 500 m^2，土壤散流电阻已小到可以忽略，也就是这里的电位已趋近于零，可以认为远离接地体20 m以外的地方电位为零，称为电气上的“地”或“大地”，如图8—2—6所示。

（3）接地的分类

1）功能性接地，是指为了保证系统或设备的正常运行，或为了实现电气装置的固有功能、提高其可靠性而进行的接地，如变压器中性点接地。

2）保护性接地，是指为了保证人身安全而进行的接地，例如，电气装置外露导电部分和装置外导电部分的接地；为防止雷电过电压对设备或人身安全的危害而进行的防雷接地；为消除静电对电气装置和人身安全危害而进行的接地。

3）功能性和保护性合一的接地，是将功能性接地和保护性接地结合在一起的接地，如屏蔽接地。

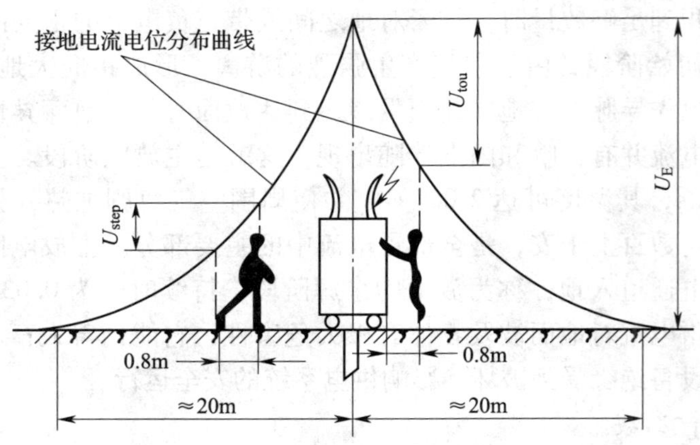

图 8—2—6　接地装置的散流场

（4）接地电阻

接地电阻是指构成接地装置的各部分的电阻之和。

1）工频（50 Hz）接地电流流经接地装置所呈现出来的接地电阻称为工频接地电阻 R_E。

2）冲击电流（如雷电流）流经接地装置所呈现出来的接地电阻称为冲击接地电阻 R_{sh}。

6. 直击雷的防护

对直击雷的防护措施是让雷电在人为设置的直击雷防护装置上放电，使雷电流沿防护装置泻入地中，以免被保护的设备或建筑物受到损坏。直击雷防护装置由三个主要部分组成，如图 8—2—7 所示。

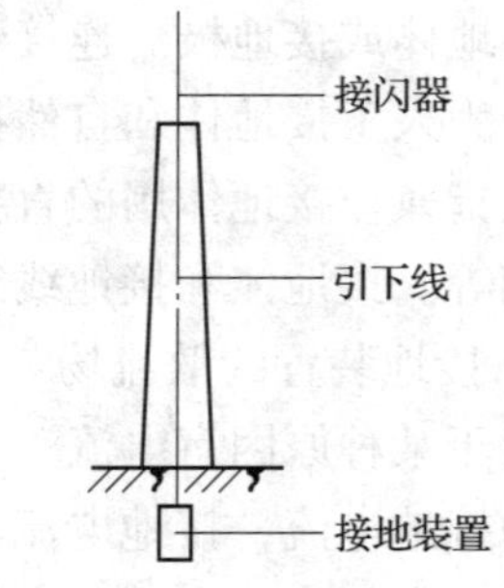

图 8—2—7　直击雷防护装置组成

（1）接闪器

指直接接受雷击的避雷针、避雷带（线）、避雷网，以及用作接闪的金属屋面和金属构件等，一般以钢管、钢筋或扁钢等制成。

（2）引下线

指连接接闪器和接地装置的金属导体，一般以钢筋或扁钢等制成，也可以利用建筑物结构柱内的钢筋兼作。

（3）接地装置

接地体与接地线的总和，可以以钢筋、扁钢和各种型钢制成，也可以利用建筑物基础内的钢筋兼作。

直击雷防护装置的防护原理是：在雷电先导的初始阶段，因先导距地面较高，故先导发展的方向不受地面物体的影响；当其向下至某一高度时，地面上的接闪器将会影响先导的发展方向，使先导向接闪器定向发展，这是由于接闪器较高并具有良好的接地，在其上因静电感应而积聚了与先导相反极性的电荷，使其附近的电场强度显著增强，此时先导放电电场开始被接闪器所歪曲，将先导放电的途径引向接闪器本身，从而达到保护被保护物的目的。

三、道路照明器的布置及质量标准

目前，道路照明用的照明器有高压钠灯、低压钠灯、无极灯、金卤灯、荧光灯等，白炽灯、高压汞灯、低压钠灯由于光源性能缺陷已逐渐被淘汰。照明器要合理使用光能，防止眩光。照明器发出的光线要沿要求的角度照射，落到路面上呈指定的图形，光线分布均匀，使路面亮度大，且眩光小。为减少眩光，可在最大光强上方予以配光控制。

道路照明用的照明器大体可分为截光、半截光和不截光三种类型。

1. 截光型

照明器照射到路幅外的光线不超过光源额定流明的10%，控制光线沿路分布，产生的眩光小。适用于主要街道、干线公路和高速公路。

2. 半截光型

照明器照射到路幅外的光线不超过光源额定流明的30%，控制光线沿路分布。适用于一般等级的街道。

3. 不截光型

照明器对最大光强上方的光通量不加限制，眩光大，只适用于周围环境明亮的街道或交通量很少的次要街道。照明器的射程由光束的仰角决定，用照明器到最大烛光束照射到路面的距离长短区分，可分为短射程、中射程、长射程三种。

根据道路断面形式、宽度、车辆和行人的情况，照明器可采用在道路两侧对称布置、两侧交错布置、一侧布置、分隔岛双叉布置和路中央悬挂布置等形式。道路交汇区多采用高杆照明方式：一般说来，宽度超过20 m的道路和迎宾道路，可考虑两侧对称布置；道路宽度超过15 m的，可考虑两侧交错布置；较窄的道路可用一侧布置。在道路交叉口、弯道、坡道、铁路道口、人行横道等特殊地点，一般均布设照明器，以利于驾驶员和行人识别道路情况，其亮度标准也较高。在隧道内外路段和从城区街道到郊区公路的过渡路段的照明，则要考虑驾驶员的眼睛对光线变化的适应性。照明器的功率、安装高度、纵向间距是配光设计的重要参数，组合好这三个因素，可得到满意的照明效果。

今后道路照明的发展方向是注意节约能源，选用发光效率高的光源改装现有道路照明，逐步更换目前大量使用着的小白炽灯。随着新光源的出现，道路照明器安装高度趋于加高，纵向间距趋于增大。

通常用规定的路面平均照度和均匀度两个指标作为照明质量标准。前者的单位是勒克斯（lx），即每1 m^2水平照射面积上，均匀分布1 lm的光通量；后者是最小水平照度与平均水平照度的比值。实际上，路面的亮度分布与照度分布有相当大的差别。采用路面照度作为道路照明指标不能给出视感条件的真实情况。因此，国际照明委员会建议道路照明的质量用路面亮度、均匀度、眩光和诱导性四个指标衡量。

亮度是道路表面单位面积上反射出的光通量，用cd/m^2作单位。均匀度是路面上亮度分布的均匀程度，影响驾驶员视觉舒适感的均匀度等于行车线上路面最小亮度与平均亮度之比；即使平均亮度较高，但亮度分布不均匀的路面，在明暗相差很大的地方，障碍也难以发现。眩光是强光直射驾驶员的眼睛，使眼睛不舒适从而产生视觉障碍、看不清物体的现象；眩光使眼睛产生不舒适的程度用表示主观感觉的眩光指数 G 评定，国际照明委员会推荐：$G=1$ 为无法忍受，$G=3$ 为有干扰，$G=5$ 为允许的极限，$G=7$ 为比较满意，$G=9$ 为无影响；眩光与光源的亮度、视线与光源的夹角、路面平均亮度等因素有关。诱导性则是用照明告知驾驶员有关前方道路线形、起伏、交叉、车流分合等有关信息。

国际照明委员会建议，城市干道、高速公路的路面亮度取 2 cd/m^2，纵向均匀度取 0.7，$G=6$。目前日本已采用路面亮度作为道路照明指标，美国等多数国家仍用照度作道路照明的标准。照度和亮度可以互相换算，路面 P 点的亮度等于该点的照度乘该点的亮度系数。

任务实施

一、实训目的

1. 掌握常见的施工操作工艺。
2. 能进行室外照明线路的安装及故障排除。

二、主要实训器材的认识

开关、插座、灯具、钢管等。

三、实训内容

1. 施工条件说明

（1）暗管敷设

各层水平线和墙厚度线弹好，配合土建施工；预制混凝土板上配管，在做好地面以前弹好水平线；现浇混凝土板内配管，在底层钢筋绑扎完后，上层钢筋未绑扎前，根据施工图尺寸位置配合土建施工；预制大楼板就位完毕，及时配合土建在整理板缝锚固筋（胡子筋）时，将管路弯曲连接部位按要求做好；预制空心板，配合土建就位同时配管；随墙（砌体）配合施工立管；随大模板现浇混凝土墙配管，土建钢筋网片绑扎完毕，按墙体线配管。

（2）明管敷设

配合土建结构安装好预埋件；配合土建内装修油漆，浆活完成后进行明配管；采用胀管安装时，必须在土建抹灰完后进行；吊顶内或护墙板内管路敷设；结构施工时，配合土建安装好预埋件；内部装修施工时，配合土建做好吊顶灯位及电气器具位置翻样图，并在顶板或地面弹出实际位置。

2. 操作工艺

（1）暗管敷设基本要求

1）敷设于多尘和潮湿场所的电线管路、管口、管子连接处均应作密封处理。

2）暗配的电线管路宜沿最近的路线敷设并应减少弯曲；埋入墙或混凝土内的管子，离表面的净距不应小于 15 mm。

3）进入落地式配电箱的电线管路，排列应整齐，管口应高出基础面不小于 50 mm。

4）埋入地下的电线管路不宜穿过设备基础；在穿过建筑物基础时，应加保护管。

（2）预制加工

根据设计图，加工好各种盒、箱、管弯，其中钢管煨弯可采用冷煨法或热煨法。

1）冷煨法。一般管径为 20 mm 及以下时，用手扳煨管器，即先将管子插入煨管器，逐步煨出所需弯度。管径为 25 mm 及以上时，使用液压煨管器，即先将管子放入模具，然后扳动煨管器，煨出所需弯度。

2）热煨法。首先炒干砂子，堵住管子一端，将干砂子灌入管内，用锤子敲打，直至砂子灌实，再将另一端管口堵住放在火上转动加热，烧红后煨成所需弯度，随煨弯随冷却。要求管路的弯曲处不应有折皱、凹穴和裂缝，弯扁程度不应大于管外径的 1/10；明配管时，弯曲半径不应小于管外径的 6 倍；埋设于地下或混凝土楼板内时，不应小于管外径的 10 倍。

3）管子切断。常用钢锯、割管器、无齿锯、砂轮锯进行切管。将需要切断的管子长度量准确，放在钳口内卡牢固，要求断口处平齐不歪斜，管口刮铣光滑，无毛刺，管内铁屑除净。

4）管子套螺纹。采用套丝板、套管机，根据管外径选择相应板牙。将管子用台虎钳或龙门压架钳紧牢固，再把铰板套在管端，均匀用力不得过猛，随套随浇冷却液。要求丝扣不乱不过长，消除渣屑，丝扣干净清晰。管径 20 mm 及以下时，应分两板套成；管径在 25 mm 及以上时，应分三板套成。

（3）测定盒、箱位置

根据设计图要求确定盒、箱轴线位置，以土建弹出的水平线为基准，挂线找平，线坠找正，标出盒、箱实际尺寸位置。

（4）稳固盒、箱

稳固盒、箱要求发浆饱满，平整牢固，坐标正确。盒、箱安装要求见表 8—2—1。现制混凝土板墙固定盒、箱加支铁固定，盒、箱底距外墙面小于 3 cm 时，需加金属网固定后再抹灰，防止空裂。

表 8—2—1　　盒、箱安装要求

实测项目	要求	允许偏差（mm）
盒箱水平、垂直位置	正确	10（砖墙）、30（大模板）
盒箱 1 m 内相邻标高	一致	2
盒子固定	垂直	2
箱子固定	垂直	3
盒、箱口与墙面	平齐	10（最大凹进深度）

（5）托板稳固灯头盒

预制圆孔板（或其他顶板）打灯位洞时，找好位置后，用尖錾子由下往上剔，洞口大小比灯头盒外口略大1～2 cm，灯头盒焊好卡铁（可用桥杆盒）后，用高标号砂浆稳固好，并用托板托牢，待砂浆凝固后，即可拆除托板。现浇混凝土楼板，将盒子堵好随底板钢筋固定牢，管路配好后，随土建浇灌混凝土施工同时完成。

（6）管路连接

管路连接方法：管箍丝扣连接，套丝不得有乱扣现象；管箍必须使用通丝管箍；上好管箍后，管口应对严；外露丝扣应不多于两扣；套管连接宜用于暗配管，套管长度为连接管径的1.5～3倍；连接管口的对口处应在套管的中心，焊口应焊接牢固严密；坡口（喇叭口）焊接，管径80 mm以上的钢管，先将管口除去毛刺，找平齐，用气焊加热管端，边加热边用锤子沿管周边逐点均匀向外敲打出坡口，把两管坡口对平齐，周边焊严密。

管与管的连接：管径20 mm及以下钢管，以及各种管径电线管，必须用管箍连接，管口锉光滑平整，接头应牢固紧密；管径25 mm及以上钢管，可采用管箍连接或套管焊接。管路超过下列长度，应加装接线盒，以使其位置便于穿线：无弯时为45 m；有一个弯时为30 m；有两个弯时为20 m；有三个弯时为12 m。管路垂直敷设时，根据导线截面设置接线盒距离；50 mm^2及以下为30 m；70～95 mm^2时为20 m；120～240 mm^2时为18 m。

管进盒、箱连接：盒、箱开孔应整齐并与管径相吻合，要求一管一孔，不得开长孔；铁制盒、箱严禁用电焊、气焊开孔，并应刷防锈漆；如用定型盒、箱，其敲落孔大而管径小时，可用铁皮垫圈垫严或用砂浆加石膏补平齐，不得露洞；管口入盒、箱时，暗配管可用跨接地线焊接固定在盒棱边上，严禁管口与敲落孔焊接；管口露出盒、箱应小于5 mm，有锁紧螺母者与锁紧螺母平，露出锁紧螺母的丝扣为2～4扣；两根以上管入盒、箱要长短一致，间距均匀，排列整齐。

（7）暗管敷设方式

随墙（砌体）配管：砖墙、加气混凝土砌块墙、空心砖墙配合砌墙立管时，该管最好放在墙中心。管口向上者要堵好；为使盒子平整，标高准确，可将管先立偏高200 mm左右，然后将盒子稳固好，再接短管；短管入盒、箱端可不套丝，可用跨接线焊接固定，管口与盒、箱里口平；往上引管有吊顶时，管上端应煨成90°弯进入吊顶内；由顶板向下引管不宜过长，以达到开关盒上口为准；等砌好隔墙，先稳盒后再接短管。

大模板混凝土墙配管：可将盒、箱焊在该墙的钢筋上，接着敷管；每隔1 m左右，用铅丝绑扎牢；管进盒、箱要煨灯叉弯，往上引管不宜过长，以能煨弯为准。

现浇混凝土楼板配管：先找灯位，根据房间四周墙的厚度，弹出十字线，将堵好的盒子固定牢然后敷管；有两个以上盒子时，要拉直线；如为吸顶灯或日光灯，应预下木砖；管进盒、箱长度要适宜，管路每隔1 m左右用铅丝绑扎牢；如有吊扇、花灯或其他超过3 kg的灯具应焊好吊杆；预制圆孔板上配管，如为焦砟垫层，管路需用混凝土砂浆保护；素土内配管可用混凝土砂浆保护，也可缠两层玻璃布，刷三道沥青油加以保护；在管路下先用石块垫起50 mm，尽量减少接头，管箍丝扣连接处应抹油、缠麻、拧牢。

（8）变形缝处理

变形缝处理做法：变形缝两侧各预埋一个接线箱，先把管的一端固定在接线箱上，另一侧接线箱底部的垂直方向开长孔，其孔径尺寸不小于被接入管直径的两倍。

（9）地线焊接

管路应作整体接地连接，穿过建筑物变形缝时，应有接地补偿装置。如采用跨接方法连接，跨接地线两端焊接面不得小于该跨接线截面的6倍，焊缝应均匀牢固，焊接处要清除药皮，刷防腐漆。跨接地线的规格见表8—2—2。

表8—2—2　　跨接地线的规格　　mm

管径	圆钢	扁钢
15～25	$\phi5$	—
32～38	$\phi6$	—
50～63	$\phi10$	25×3
≥70	$\phi8\times2$	（25×3）×2

（10）明管敷设基本要求

根据设计图加工支架、吊架、抱箍等铁件，以及各种盒、箱、弯管，所用明管敷设工艺与暗管敷设工艺相同处请见相关部分。注意：在多粉尘、易爆等场所敷管，应按照设计和有关防爆规程施工。

（11）管弯、支架、吊架预制加工

明配管弯曲半径一般不小于管外径6倍，如有一个弯时，可不小于管外径的4倍。加工方法可采用冷煨法和热煨法，支架、吊架应按设计图要求进行加工。支架、吊架的规格设计无规定时，应不小于以下规定：扁铁支架30 mm×3 mm；角钢支架25 mm×25 mm×3 mm；埋注支架应有燕尾，埋注深度应不小于120 mm。

（12）吊顶内、护墙板内管路敷设的操作工艺及要求

材质、固定参照明配管工艺，连接、弯度、走向等可参照暗敷工艺要求施工，接线盒可使用暗盒。吊顶内灯头盒至灯位一段，可采用阻燃型普里卡金属软管过渡，长度不宜超过1 m，其两端应使用专用接头。吊顶各种盒、箱的安装口的方向应朝向检查口，以利于维修检查。

3. 故障检修

各组将遇到故障现象与处理方法填入表8—2—3。

表8—2—3　　故障现象与处理方法

故障现象	造成原因	处理方法

4. 按任务要求进行验收。

四、评价

评价考核分四个等级：A（90~100分）、B（75~89分）、C（60~74分）、D（0~59分）。

评 价 表

<table>
<tr><th rowspan="2">项目名称</th><th rowspan="2">评价内容</th><th rowspan="2">配分</th><th colspan="3">评价分数</th></tr>
<tr><th>自评</th><th>互评</th><th>师评</th></tr>
<tr><td rowspan="6">职业素养
考核项目
（40%）</td><td>劳动保护用品穿戴整齐</td><td>6分</td><td></td><td></td><td></td></tr>
<tr><td>安全意识、责任意识、服从意识</td><td>6分</td><td></td><td></td><td></td></tr>
<tr><td>积极参加教学活动、按时完成任务</td><td>10分</td><td></td><td></td><td></td></tr>
<tr><td>团队合作、与人交流能力</td><td>6分</td><td></td><td></td><td></td></tr>
<tr><td>劳动纪律</td><td>6分</td><td></td><td></td><td></td></tr>
<tr><td>生产现场管理“6S”标准</td><td>6分</td><td></td><td></td><td></td></tr>
<tr><td rowspan="4">专业能力
考核项目
（60%）</td><td>专业知识查找及时、准确</td><td>12分</td><td></td><td></td><td></td></tr>
<tr><td>操作符合规范</td><td>18分</td><td></td><td></td><td></td></tr>
<tr><td>操作熟练、工作效率</td><td>12分</td><td></td><td></td><td></td></tr>
<tr><td>成品的验收质量</td><td>18分</td><td></td><td></td><td></td></tr>
<tr><td colspan="3">总分</td><td></td><td></td><td></td></tr>
<tr><td>总评</td><td>自评（20%）+互评（20%）+师评（60%）</td><td>综合等级</td><td colspan="3">教师（签名）：</td></tr>
</table>

学习任务九　车间照明线路的安装与检修

学习目标

1. 掌握金属电工管的敷设工艺。
2. 掌握车间常用照明灯具的安装要求。
3. 能进行车间照明线路的安装与故障排除。

建议学时

40 学时

任务描述

操作者接到“车间照明线路的安装”任务后，根据任务书和施工图要求，准备工具，做好工作现场准备，严格遵守作业规范进行施工，安装完毕后进行自检，填写相关表格并交付工程部验收，按照现场管理规范清理场地、归置物品。

工作流程与活动

学习活动 1　车间照明线路的认识
学习活动 2　车间照明线路的安装及故障排除

学习活动 1　车间照明线路的认识

学习目标

1. 熟悉车间常用照明灯具的种类。
2. 掌握车间常用照明灯具的安装要求。

知识准备

一、车间照明灯具安装的一般要求

（1）安装前，灯具及其配件应齐全，无机械损伤、变形、油漆剥落、灯罩破裂等缺陷。

（2）根据灯具的安装场所及用途，引向每个灯具的导线线芯最小截面应符合有关规定。

（3）当在砖石结构中安装电气照明装置时，应采用预埋吊钩、螺栓、螺钉、膨胀螺栓、尼龙塞或塑料塞固定，严禁使用木楔。当设计无规定时，上述固定件的承载能力应与电气照明装置的重量相匹配。

（4）在危险性较大的特殊危险场所，当灯具距地面高度小于 2.4 m 时，应使用额定电压为 36 V 及以下的照明灯具，或采取保护措施。灯具不得直接安装在可燃物件上；当灯具表面高温部位靠近可燃物时，应采取隔热、散热措施。

（5）在变电所内，高压、低压配电设备及母线的正上方，不应安装灯具。

（6）室外安装的灯具，距地面的高度不宜小于 3 m；当在墙上安装灯具时，距地面的高度不应小于 2.5 m。

二、螺口灯头的接线要求

（1）相线应接在中心触点的端子上，零线应接在螺纹的端子上。

（2）灯头的绝缘外壳不应有破损和漏电。

（3）对带开关的灯头，开关手柄不应有裸露的金属部分。

（4）对装有白炽灯泡的吸顶灯具，灯泡不应紧贴灯罩；当灯泡与绝缘台之间的距离小于 5 mm 时，灯泡与绝缘台之间应采取隔热措施。

三、灯具的安装要求

（1）采用钢管作灯具的吊杆时，钢管内径不应小于 10 mm，钢管壁厚度不应小于 1.5 mm。

（2）吊链灯具的灯线不应受拉力，灯线应与吊链编叉在一起。

（3）软线吊灯的软线两端应作保护扣，两端芯线应搪锡。

（4）同一室内或场所成排安装的灯具，其中心线偏差不应大于 5 mm。

（5）日光灯和高压汞灯及其附件应配套使用，安装位置应便于检查和维修。

（6）灯具固定应牢固可靠，每个灯具固定用的螺钉或螺栓不应少于两个；当绝缘台直径为 75 mm 及以下时，可采用一个螺钉或螺栓固定。

四、特殊照明要求

公共场所用的应急照明灯和疏散指示灯应有明显的标志；无专人管理的公共场所，照明宜装设自动节能开关；每套路灯应在相线上装设熔断器；由架空线引入路灯的导线，在灯具入口处应做防水弯。

五、固定在移动结构上的灯具要求

导线宜敷设在移动构架的内侧，在移动构架活动时，导线不应受拉力和磨损。当吊灯灯具重量大于 3 kg 时，应采用预埋吊钩或螺栓固定；当软线吊灯灯具重量大于 1 kg 时，应增设吊链。

六、金属卤化物灯的安装要求

（1）灯具安装高度宜大于 5 m，导线应经接线柱与灯具连接，且不得靠近灯具表面。

（2）灯管必须与触发器和限流器配套使用。

（3）落地安装的反光照明灯具，应采取保护措施。

七、嵌入顶棚内的装饰灯具的安装要求

（1）灯具应固定在专设的框架上；导线不应贴近灯具外壳，且应在灯盒内留有余量；灯具的边框应紧贴在顶棚面上。

（2）矩形灯具的边框宜与顶棚面的装饰直线平行，其偏差不应大于 5 mm。

（3）日光灯管组合的开启式灯具，灯管排列应整齐，其金属或塑料的间隔片不应有扭曲等缺陷。

八、花灯的安装要求

固定花灯的吊钩，其圆钢直径不应小于灯具吊挂销、钩的直径，且不得小于 6 mm。对大型花灯，吊装花灯的固定及悬吊装置应按灯具重量的 1.25 倍做荷载试验。安装在重要场所的大型灯具的玻璃罩，应按设计要求采取防止碎裂后向下溅落的保护措施。

学习活动 2　车间照明线路的安装及故障排除

学习目标

1. 掌握弯管器的使用方法（用于金属电工管）。
2. 了解电工管的安装工艺。
3. 掌握高压汞灯的安装方法。
4. 能进行车间照明线路的安装及故障排除。

知识准备

一、车间照明主要光源

1. 高压汞灯

（1）分类及特点

高压汞灯又称高压水银灯，是一种相对新型的电光源，分荧光高压汞灯、反射型荧光高压汞灯和自镇流荧光高压汞灯三种，主要由涂有荧光粉的玻璃泡和装有主、辅电极的放电管组成。玻璃泡内装有与放电管内辅助电极串联的附加电阻及电极引线，玻璃泡与放电

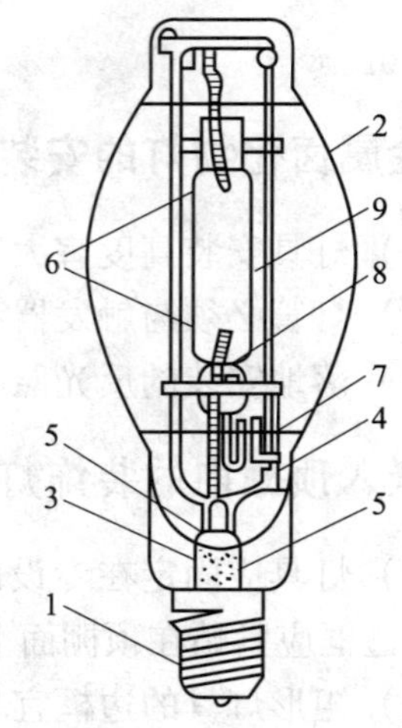

图 9—2—1　高压汞灯结构
1—灯头　2—玻璃壳
3—抽气管　4—支架
5—导线　6—主电极
7—启动电阻　8—辅助电极
9—石英放电管

管间被抽成真空，并充入少量惰性气体，如图 9—2—1 所示。

荧光高压汞灯的光效比白炽灯高三倍左右，使用寿命也长，启动时不需加热灯丝，故不需要启辉器，但显色性差，且电源电压变化对灯的光电参数有较大影响，故电源电压变化不宜大于 ±5%。

反射型荧光高压汞灯玻璃壳内壁上部镀有铝反射层，具有定向反射性能，使用时可不用灯具。

自镇流荧光高压汞灯用钨丝作为镇流器，是利用高压汞蒸气、白炽体和荧光材料三种发光物质同时放电或发光的复合光源。这类灯的外玻璃壳内壁都涂有荧光粉，能将汞蒸气放电时辐射的紫外线转变为可见光，故可改善光色，提高光效。

高压汞灯主要的优点有发光效率高、使用寿命长、省电、耐振，且对安装无特殊要求，所以被广泛用于施工现场、广场、车站等大面积场所的照明。

（2）高压汞灯的安装

高压汞灯有两种，一种需要镇流器，另一种不需要镇流器。所以安装时一定要看清楚。需要配置镇流器的高压汞灯一定要使镇流器的功率与灯泡的功率相匹配，否则，灯泡会损坏或者启动困难。高压汞灯可在任意位置使用，但水平点燃时，会影响光通量的输出，而且容易自灭。高压汞灯工作时，外玻璃壳温度很高，必须配备散热好的灯具。外玻璃壳破碎后的高压汞灯应立即换下，因为大量的紫外线会伤害人的眼睛。高压汞灯的供电电压应尽量保持稳定，当电压降低 5% 时，灯泡可能会自行熄灭，所以必要时应考虑调压措施。

2. 高频无极灯

无极灯（Promise Light）是高频等离子体放电无极灯的简称，分高频无极灯和低频无极灯。无极灯由高频发生器、耦合器和灯泡三部分组成。

（1）无极灯系统组成（图 9—2—2）

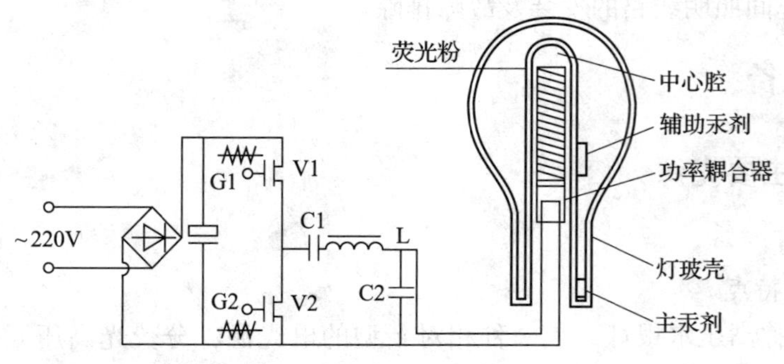

图 9—2—2　无极灯系统组成

（2）无极灯安装尺寸（图 9—2—3）

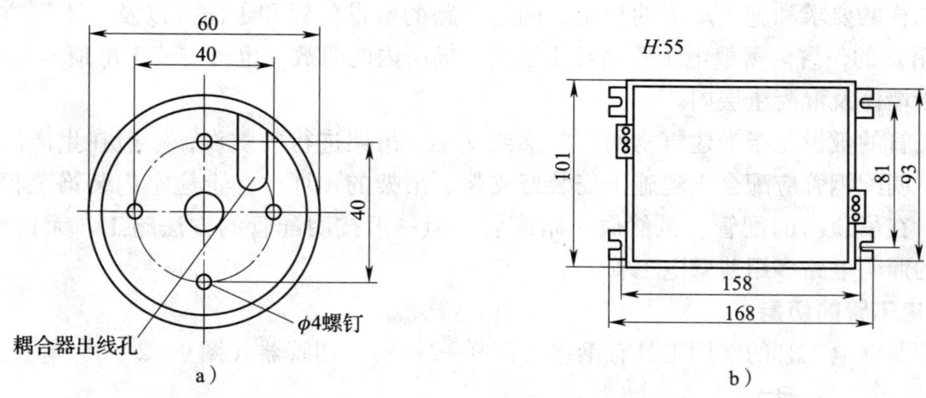

图 9—2—3　无极灯安装尺寸（单位：mm）

a）灯泡功率耦合器固定孔尺寸　b）高频发生器外形尺寸

（3）无极灯系统安装（图 9—2—4）

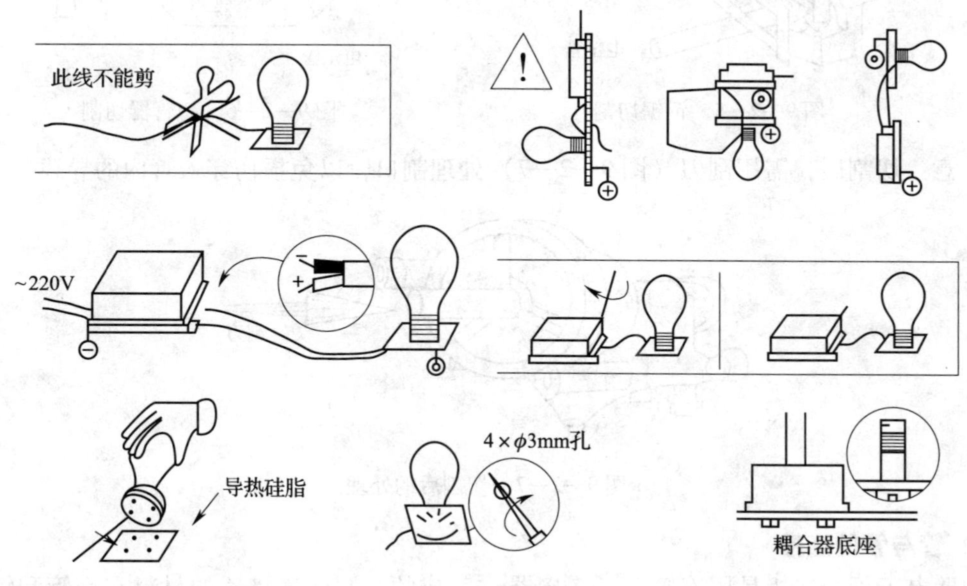

图 9—2—4　无极灯系统安装

注意：安装无极灯时，必须使用散热金属铝板或铜板。散热金属板面积的相关规定为：无极灯功率为 30 W、40 W、60 W、85 W、100 W 时，散热面积 $S \geqslant 250\ cm^2$；无极灯功率为 120 W、135 W、165 W、200 W 时，散热面积 $S \geqslant 300\ cm^2$。

二、金属电工管的敷设工艺

1. 金属电工管简介

钢管（电工管）按管壁的薄厚可分为两种：厚壁电工管和薄壁电工管（EMT）。厚壁电工管的连接需要用螺纹（套丝）连接，机械强度高，防碰撞；薄壁电工管则不用螺纹连接，连接处用螺钉固定或用锁紧螺母固定，安装相对容易。室内钢管（电工管）敷设应根据施工图样的要求和施工规范的规定，确定管路的敷设位置和走向，以及在不同方向上进出盒（箱）的位置。薄壁电工管通常用于干燥场所内的明敷，也可安装于吊顶、夹板墙内，或暗敷于墙体及混凝土层内。

电工管的敷设是指沿建筑物的墙、梁或支架、吊架进行的敷设，一般在生产厂房中用得较多。明配钢管应配合土建施工安装好支架、吊架的预埋件，土建室内装饰工程结束后再配管。在吊顶内的配管，虽然属于暗配管，但一般按明配管的方法施工。无特殊要求，工厂中的照明电路多用薄壁电工管。

2. 电工管的切割

切割薄壁电工管的常用工具有钢锯（图 9—2—5）、切管器（图 9—2—6）等。

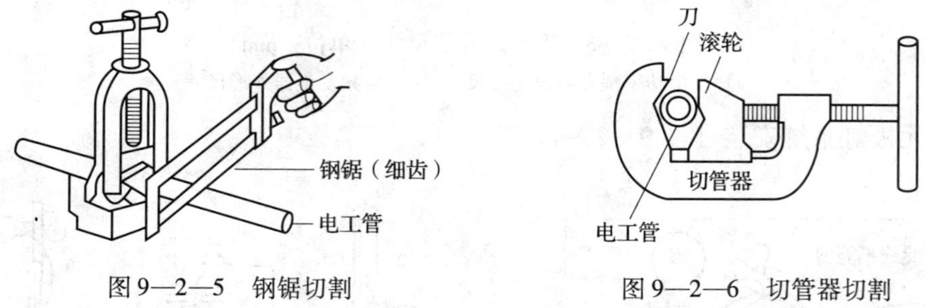

图 9—2—5　钢锯切割　　图 9—2—6　切管器切割

注意：切割后，需用刮刀（图 9—2—7）处理割口，以免损伤穿入管内的导线。

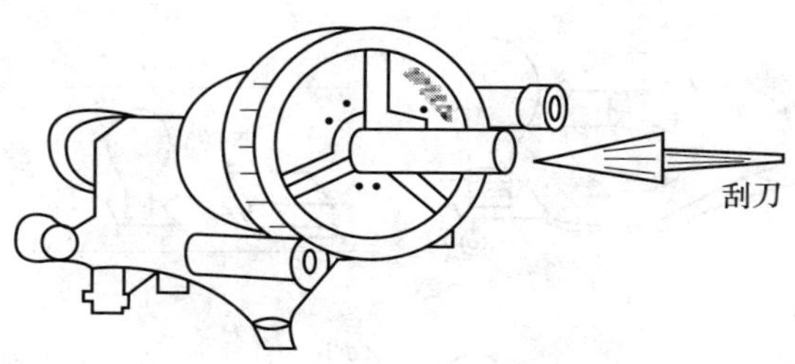

图 9—2—7　切割后的处理

3. 管与管的连接

薄壁电工管的连接是用连接件（连接器）完成的。制作连接器的材料有钢管和铸铁两种。常用的连接件如图 9—2—8 所示。

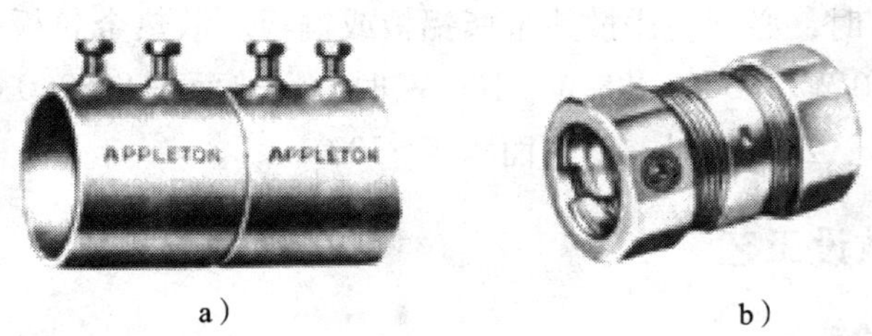

a）　　b）

图 9—2—8　常用的连接件

a）螺钉固定型　b）螺母固定型

(1) 螺钉固定型连接件的使用方法：将待连接的两只管分别插入连接件的两端，锁紧螺钉即可。

(2) 螺母固定型连接件的使用方法：将待连接的两只管分别插入连接器的两端，锁紧螺母即可。

4. 管与盒的连接

金属电工管需与金属盒相连接，电工管与盒的连接也需用连接件（连接器）。常用的盒及连接器如图 9—2—9 所示。

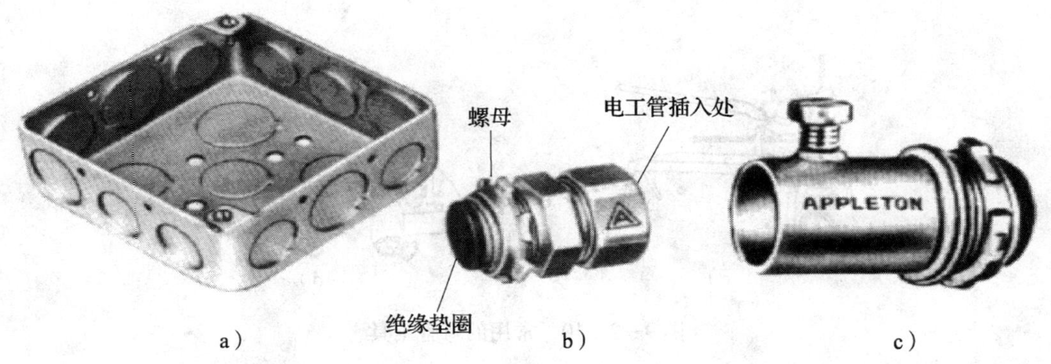

图 9—2—9　常用的盒及连接器

a）接线盒　b）螺母固定型　c）螺钉固定型

螺母固定型连接器的连接方法为：将螺母固定型连接件的螺母取下，选择接线盒中与其相适合的孔位，插入并锁紧螺母即可；注意，连接件插入接线盒的一端，有一个绝缘垫圈，是用来保护导线绝缘的，安装时不要遗失；将电工管插入另一端，并锁紧螺母即可。螺钉固定型连接器的连接方法与螺母固定型的连接方法基本相同。

5. 弯管

(1) 弯管器

弯管是电工管安装中的一个难点。电工管弯不好，轻者变形，严重的会破裂报废。电工管的弯管方法有冷弯和热弯两种，热弯常用于厚壁电工管，冷弯用于薄壁电工管。弯管需要使用专用的弯管工具，常用的弯管工具如图 9—2—10 所示。

(2) 使用方法及注意事项

电工管一般都有焊缝，在弯管时务必将焊缝作为中间层，切忌将焊缝放在弯曲处的内侧或外侧。这是因为，如果焊缝在内侧，会受到压缩力的作用；处在外侧，会受到拉伸力的作用；而中间处在弯曲形变时，受拉伸或压缩的力最小。因此，相对较硬、较脆的焊缝就不易发生皱折、断裂或瘪陷等现象。弯一个弯相对容易掌握，如要连续做两个弯并在同一平面内，则比较困难，需要刻苦练习才能做好。

1）对直径 25～30 mm 的电工管常用手工弯管器，其使用方法如图 9—2—11 所示。弯管时，要注意曲率半径 R（图 9—2—12）不能太小，规定：明敷时的曲率半径 $R \geqslant 4d$（d 为电工管的外径），暗敷时 $R \geqslant 6d$。

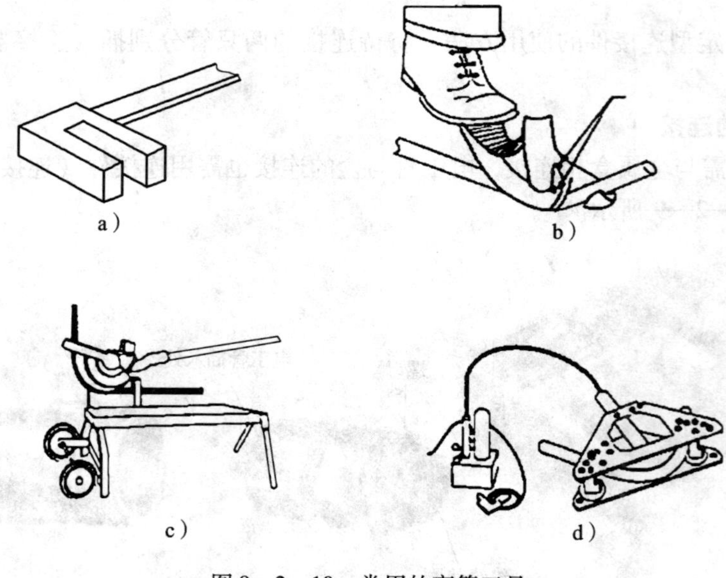

图 9—2—10　常用的弯管工具

a）手动弯管器　b）脚踏弯管器　c）机械弯管器　d）液压弯管器

图 9—2—11　手工弯管器使用简图

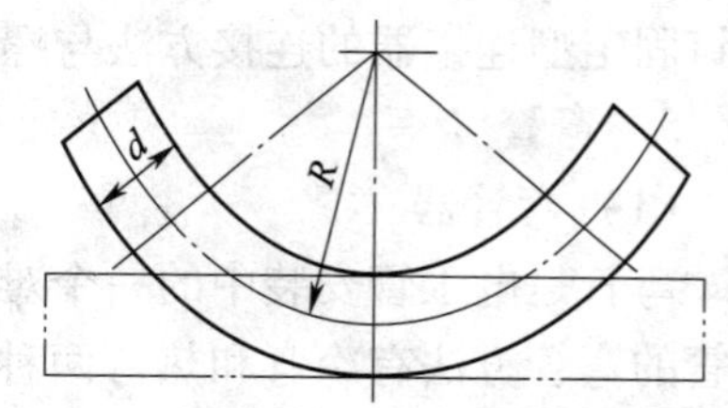

图 9—2—12　曲率半径

2）其他弯管器的使用请参见相应弯管器的使用说明书。

3）弯管的典型应用如图 9—2—13 所示，左图是使用场所，右图是常用的弯管形状。

6. 电工管明敷设安装

（1）施工步骤

1）确定电气设备的安装位置。

2）划出管路中心线和管路交叉位置。

3）量管线长度。

4）将电工管按建筑结构形状弯曲。

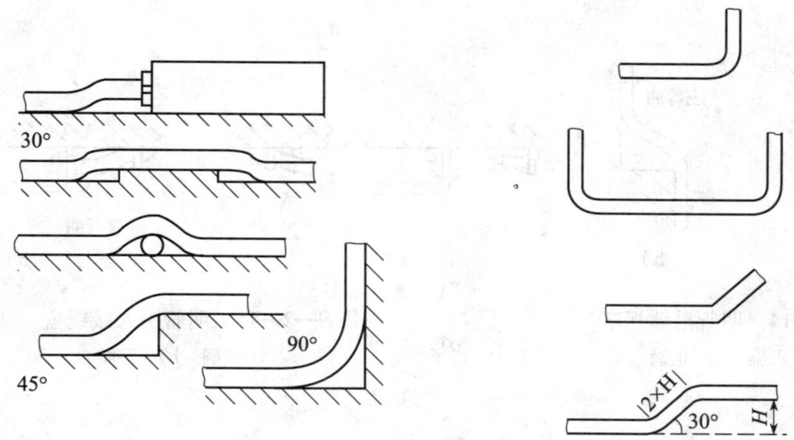

图 9—2—13　弯管的典型应用

5）根据测得管线长度锯切电工管。

6）将电工管、连接器、接线盒等连接成一整体，并进行安装。

7）做接地。

（2）安装间距

明管用吊装、支架敷设或沿墙安装时，固定点的距离应均匀，管卡与终端、转弯中点、电气器具或接线盒边缘的距离为 150 ~ 500 mm，中间固定点间的最大允许距离应符合表 9—2—1 的规定。

表 9—2—1　　最大允许距离

敷设方式	钢管名称	钢管直径（mm）			
		15 ~ 20	25 ~ 30	40 ~ 50	65 ~ 100
		最大允许距离（m）			
吊架、支架	厚壁管	1.5	2.0	2.5	3.5
沿墙敷设	薄壁管	1.0	1.5	2.0	—

（3）电工管敷设施工

1）电工管明管沿墙拐弯做法如图 9—2—14 所示。

2）电工管引入接线盒等设备做法如图 9—2—15 所示。

3）电工管在拐角时要用拐角盒，其做法如图 9—2—16 所示。

4）电工管沿墙敷设采用管卡直接固定在墙上或支架上，如图 9—2—17 所示。

5）电工管进入灯头盒、开关盒、接线盒及配电箱时，露出锁紧螺母的螺纹为 2 ~4 扣。当在室外或潮湿房屋内采用防潮接线盒、配电箱时，配管与接线盒、配电箱的连接应加橡胶垫，如图 9—2—18 所示。

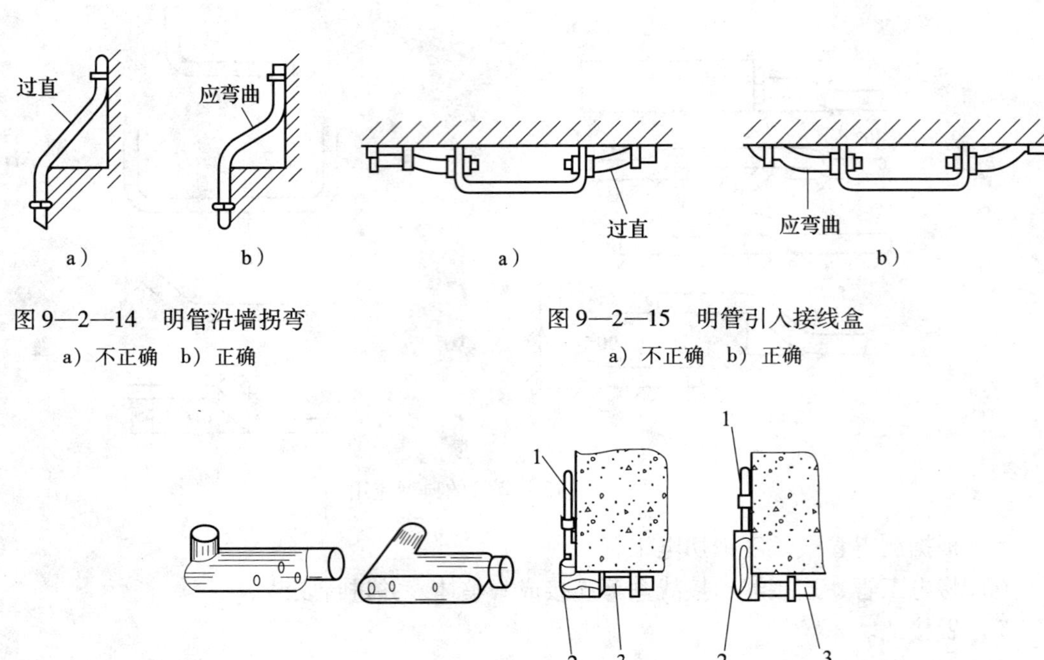

a）　b）

图 9—2—14　明管沿墙拐弯

a）不正确　b）正确

a）　b）

图 9—2—15　明管引入接线盒

a）不正确　b）正确

a）　b）

图 9—2—16　明管在拐角时用拐角盒

a）拐角盒　b）在拐角上的做法

1—管箍　2—拐角盒　3—钢管

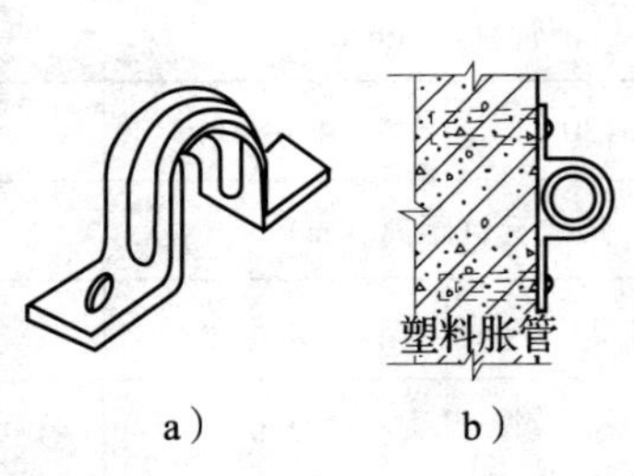

a）　b）

图 9—2—17　明管沿墙敷设采用管卡固定

a）鞍形管卡　b）钢管沿墙敷设

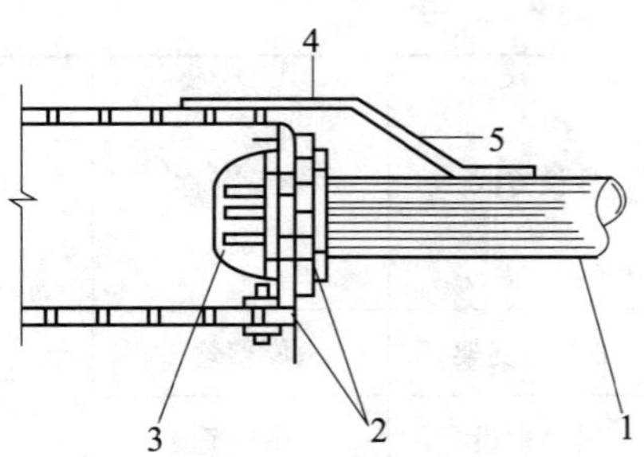

图 9—2—18　明管与接线盒的连接

1—钢管　2—锁紧螺母　3—管螺母

4—橡胶垫　5—接地线

6）电工管配线与设备连接时，应将电工管敷设到设备内，电工管露出地面的管口距地面高度应不小于 200 mm，如不能直接进入时，可按下列方法进行连接：

①在干燥房间内，可在电工管出口处加保护软管引入设备。

②在室外或潮湿的房间内，可采用防潮湿软管或在管口处装设防水弯头；当由防水弯头引出的导线接至设备时，导线套绝缘软管保护，并应由防水弯头进入设备。

③金属软管引入设备时，软管与电工管、软管与设备间的连接应用软管接头连接；

软管在设备上应用管卡固定，其固定点间距离应不大于1 m，金属软管不能作为接地导体。

任务实施

一、实训目的

1. 掌握金属电工管的敷设工艺。
2. 能进行车间照明线路的安装及故障排除。

二、主要实训器材的认识

照明灯具、常用导线等。

三、实训内容

1. 进场

（1）按照作业规程应用必要的标识和隔离措施，准备现场工作环境，做好安全准备工作。

（2）电气安装用的电工管在进场验收时，除应检查其合格证外，还应注意电工管壁厚要均匀，焊缝均匀规则，无劈裂、砂眼、棱刺和凹扁现象。

2. 弯管

（1）外观：管路弯曲处不应有起皱、凹穴等缺陷，弯扁程度不应大于管子外径的10%，配管接头不宜设在弯曲处。

（2）弯曲半径：明配管弯曲半径一般不小于管外径的6倍；如只有一个弯时，则不可小于管外径的4倍。

（3）配管连接：薄壁管严禁对口焊接连接，如必须采用螺纹连接，套螺纹长度一般为束节长度的1/2。

（4）明配管时，电工管应沿建筑物表面横平竖直敷设，但不得在锅炉、烟道和其他发热表面上敷设。

（5）水平或垂直敷设的明配管允许偏差值，在2 m以内均为3 mm，偏差值全长不应超过管子内径的1/2。

（6）在电线管路超过下列长度时，中间应加装接线盒或拉线盒，其位置应便于穿线：

1）管子长度每超过45 m，无弯曲时。

2）管子长度每超过30 m，有一个弯时。

3）管子长度每超过20 m，有两个弯时。

4）管子长度每超过12 m，有三个弯时。

（7）电工管进入接线盒、开关盒、拉线盒及配电箱时，明配管应用锁紧螺母或护圈帽固定，露出锁紧螺母的螺纹为2～4扣。

（8）严禁用气、电焊切割，管内应无铁屑，管口应光滑。

（9）明配管应排列整齐，固定点距均匀；管卡与管终端、转弯处中点、电气设备或接线盒边缘的距离 L，按管径不同而不同，其与管径的对照见表 9—2—2。

表 9—2—2　L 与管径的对照表　mm

管径	15 ~ 20	25 ~ 30	40 ~ 50	65 ~ 100
L	150	250	300	500

3. 管内配线

（1）穿在管内绝缘导线的额定电压不应低于 500 V。按标准，黄、绿、红色分别为 A、B、C 三相色标，淡蓝色或黑色为零线，黄绿相间混合线为接地线。

（2）管内导线总截面积（包括外护层）不应超过管截面积的 40%。

（3）管内导线不得有接头和扭结；在导线出管口处，应加装护圈。为便于导线的检查与更换，配线所用的铜芯软线最小线芯截面面积不小于 1 mm^2。

4. 完成车间照明线路其他设备及导线的安装

5. 故障检修

各组将遇到故障现象与处理方法填入表 9—2—3。

表 9—2—3　故障现象与处理方法

故障现象	造成原因	处理方法

6. 按任务要求进行验收

四、评价

评价考核分四个等级：A（90 ~ 100 分）、B（75 ~ 89 分）、C（60 ~ 74 分）、D（0 ~ 59 分）。

评 价 表

项目名称	评价内容	配分	评价分数		
			自评	互评	师评
职业素养考核项目（40%）	劳动保护用品穿戴整齐	6分			
	安全意识、责任意识、服从意识	6分			
	积极参加教学活动、按时完成任务	10分			
	团队合作、与人交流能力	6分			
	劳动纪律	6分			
	生产现场管理“6S”标准	6分			
专业能力考核项目（60%）	专业知识查找及时、准确	12分			
	操作符合规范	18分			
	操作熟练、工作效率	12分			
	成品的验收质量	18分			
总分					
总评	自评（20%）+互评（20%）+师评（60%）	综合等级	教师（签名）:		